LESSON 1

九九の表

月　日

く点

点　合かく 80点

1 下の九九の表で，❶～❿にあてはまる数を答えましょう。（100点）1つ10

		かける数								
		1	2	3	4	5	6	7	8	9
かけられる数	1	1	2	❶	4	5	6	7	8	9
	2	2	4	6	❷	10	12	❸	16	18
	3	3	6	9	12	15	18	21	24	❹
	4	4	❺	12	16	20	24	28	32	36
	5	❻	10	15	20	25	30	35	40	45
	6	6	12	18	24	30	36	42	❼	54
	7	7	14	21	28	❽	42	49	56	63
	8	8	16	24	32	40	48	56	❾	72
	9	9	18	27	36	45	❿	63	72	81

❶ [　　　]　　❷ [　　　]

❸ [　　　]　　❹ [　　　]

❺ [　　　]　　❻ [　　　]

❼ [　　　]　　❽ [　　　]

❾ [　　　]　　❿ [　　　]

答えは87ページ ☞

LESSON 2

九九の表(ひょう)とかけ算 ②

月　日

とく点

点　合かく75点

1 下の九九の表を見て，答えましょう。（100点）1つ25

		かける数								
		1	2	3	4	5	6	7	8	9
かけられる数	1	1	2	3	4	5	6	7	8	9
	2	2	4	6	8	10	12	14	16	18
	3	3	6	9	12	15	18	21	24	27
	4	4	8	12	16	20	24	28	32	36
	5	5	10	15	20	25	30	35	40	45
	6	6	12	18	24	30	36	42	48	54
	7	7	14	21	28	35	42	49	56	63
	8	8	16	24	32	40	48	56	64	72
	9	9	18	27	36	45	54	63	72	81

❶ 答えが 25 になる九九を書きましょう。

[　　　　　　　　]

❷ 答えが 36 になる九九を全部(ぜんぶ)書きましょう。

[　　　　　　　　]

❸ 答えが 24 になる九九はいくつありますか。

[　　　　]

❹ 答えが 4×7 と同じになる九九を書きましょう。

[　　　　　　　　]

答えは87ページ ☞

LESSON 3

かけ算のきまり ①

月　日

とく点

点 合かく 80点

1 □にあてはまる数を書きましょう。（100点）1つ10

❶ $4\times5=4\times4+\square$

❷ $3\times7=3\times8-\square$

❸ $8\times6=8\times\square+8$

❹ $6\times3=6\times\square-6$

❺ $5\times9=\square\times5$

❻ $7\times2=2\times\square$

❼ $6\times5=(6\times3)+(6\times\square)$

❽ $7\times8=(7\times6)+(\square\times2)$

❾ $9\times\square=72$

❿ $\square\times4=28$

答えは87ページ ☞

LESSON 4

かけ算のきまり ②

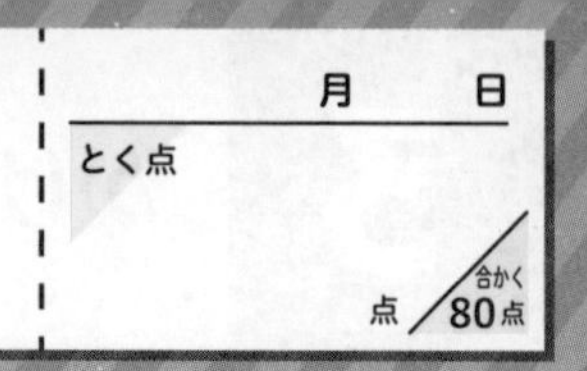

1 7×10 や 10×7 の計算のしかたを考えます。□にあてはまる数を書きましょう。（40点）1つ10

❶ 7×8＝□

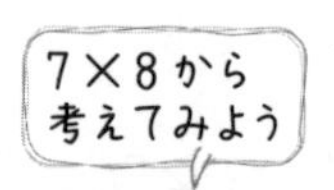

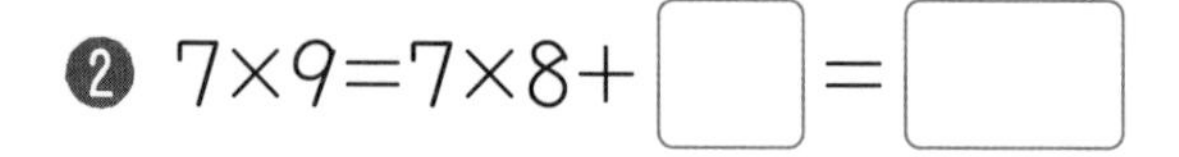

❷ 7×9＝7×8＋□＝□

❸ 7×10＝7×9＋□＝□

❹ 10×7＝□×10＝□

2 計算をしましょう。（60点）1つ10

❶ 6×10

❷ 10×4

❸ 3×10

❹ 10×5

❺ 1×10

❻ 10×10

LESSON 5

かけ算のきまり ③

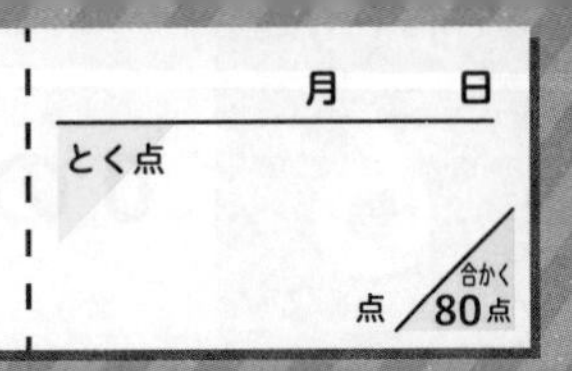

1 16×3 の計算のしかたを考えます。□にあてはまる数を書きましょう。（40点）□1つ10

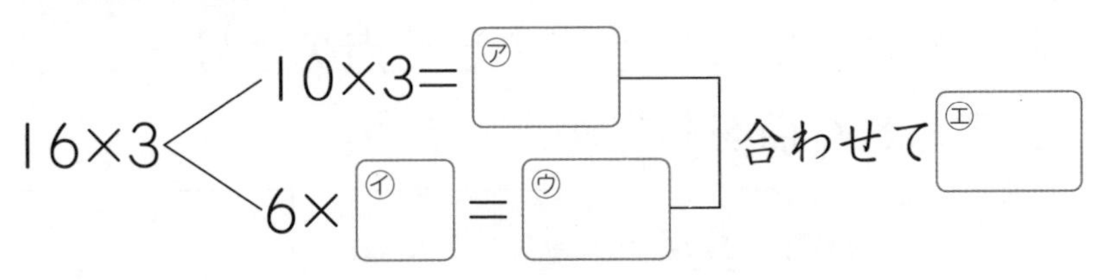

2 □にあてはまる数を書きましょう。（20点）1つ10

❶ 2×4×6＝(2×4)×□＝□

❷ 8×2×5＝□×(2×5)＝□

3 下は九九の表の一部を取り出したものです。□にあてはまる数を書きましょう。（40点）□1つ10

❶

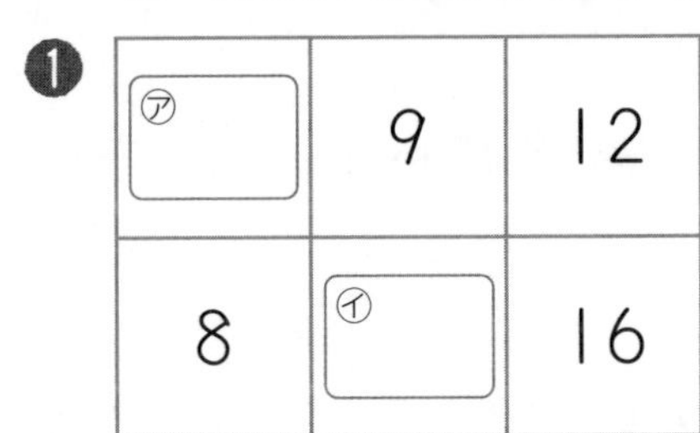

❷

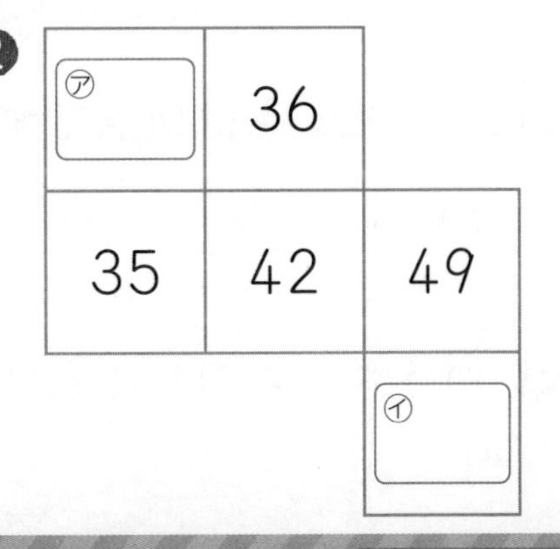

答えは87ページ

LESSON 6

0のかけ算

月　日

とく点

点 / 合かく 80点

1 ボールをまとに当てるゲームをしました。下の表(ひょう)は，ゆうきさんのせいせきをまとめたものです。❶～❸は，ゆうきさんのとく点のとり方を式(しき)に書いて，とく点をもとめましょう。

当たった場所(ばしょ)	当たった数	とく点
8点	0こ	㋐
4点	3こ	㋑
0点	5こ	㋒

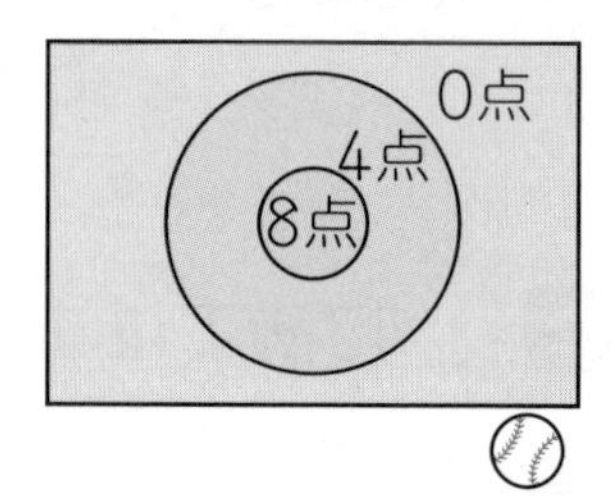

❶ ㋐のとく点は何点ですか。（式20点・答え10点）

（式）□×□＝□　　[　　　　]

❷ ㋑のとく点は何点ですか。（式20点・答え10点）

（式）□×□＝□　　[　　　　]

❸ ㋒のとく点は何点ですか。（式20点・答え10点）

（式）□×□＝□　　[　　　　]

❹ ゆうきさんのとく点は，全部(ぜんぶ)で何点ですか。（10点）

[　　　　]

答えは87ページ ☞

LESSON 7

わり算 ①

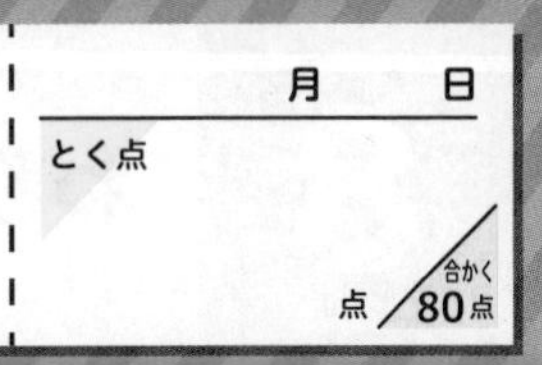

1 12このいちごを，1人に4こずつ分けると，何人に分けられるかを考えます。□にあてはまる数を書きましょう。(60点) □1つ15

4×□=4　　4×□=8　　4×□=12

12このいちごを，1人に4こずつ分けると，

□人に分けられます。

わり算の式で書くと，12÷4=□

2 次(つぎ)のわり算をしましょう。また，何のだんの九九を使(つか)ったか書きましょう。(40点) 1つ10

❶ 16÷2=□　　□のだん

❷ 30÷5=□　　□のだん

❸ 32÷8=□　　□のだん

❹ 72÷9=□　　□のだん

答えは87ページ ☞

LESSON 8

わり算 ②

月　日

とく点　点　合かく 80点

1 わり算をしましょう。（80点）1つ8

❶ 9÷3

❷ 45÷9

❸ 24÷8

❹ 35÷5

❺ 6÷2

❻ 42÷6

❼ 14÷7

❽ 20÷4

❾ 54÷9

❿ 16÷2

2 36 cm のテープがあります。6 cm ずつに切ると，6 cm のテープは何本できますか。
（式10点・答え10点）

36 cm

（式）

[　　　　]

答えは87ページ

わり算 ③

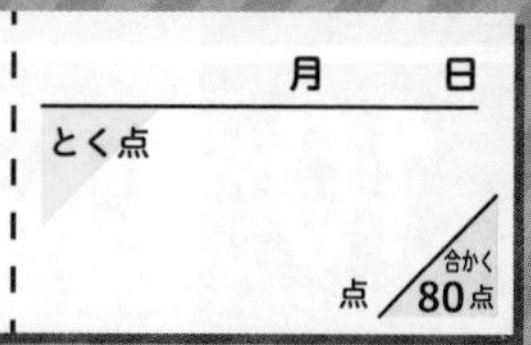

1 わり算をしましょう。（60点）1つ10

❶ $40 \div 5$

❷ $18 \div 2$

❸ $56 \div 8$

❹ $12 \div 3$

❺ $81 \div 9$

❻ $48 \div 6$

2 クッキーが 42 まいあります。同じ数ずつ 7 人に配（くば）ると，1 人分は何まいになりますか。

（式（しき）10点・答え10点）

（式）

[　　　　]

3 28 L の水があります。4 L ずつペットボトルに分けると，何本に分けられますか。（式10点・答え10点）

（式）

[　　　　]

答えは87ページ ☞

LESSON 10

0や1のわり算

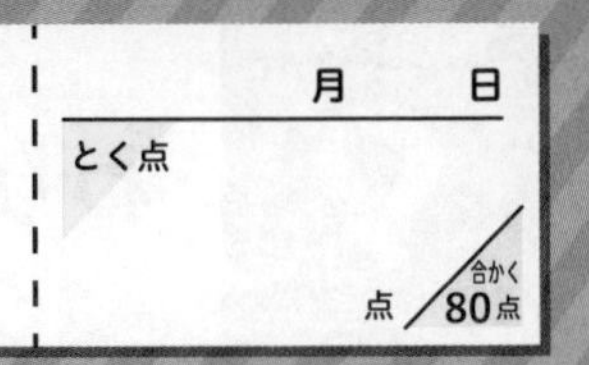

1 ふくろに入っているあめを，5人で同じ数ずつ分けます。1人分は何こになるかを，下のように考えます。□にあてはまる数を書きましょう。（60点）1つ20

❶ 10こ入っているとき

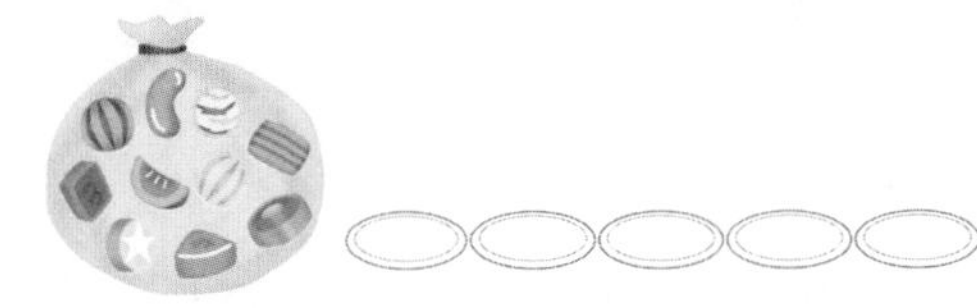

□÷5＝□

❷ 5こ入っているとき

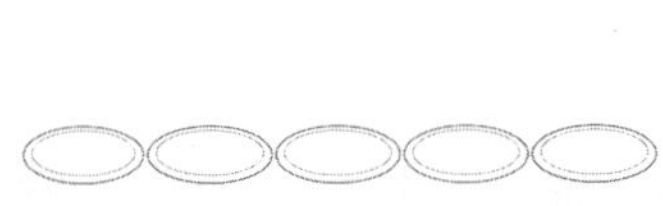

❸ 入っていないとき

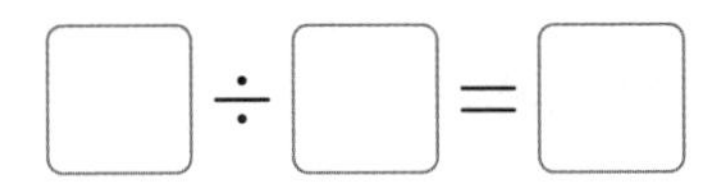

2 わり算をしましょう。（40点）1つ5

❶ 6÷6　　❷ 3÷3

❸ 0÷4　　❹ 0÷7

❺ 8÷1　　❻ 9÷1

❼ 1÷1　　❽ 0÷2

答えは87ページ ☞

わり算の問題 ①

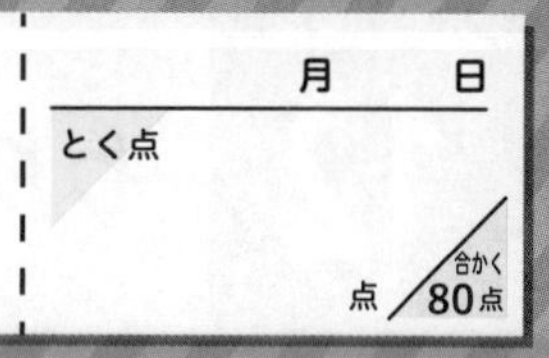

1 赤色のおり紙が 24 まい，青色のおり紙が 8 まい，黄色のおり紙が 4 まいあります。

❶ 赤色のおり紙は，青色のおり紙の何倍ありますか。
（式15点・答え10点）

（式）

［　　　　］

❷ 青色のおり紙は，黄色のおり紙の何倍ありますか。
（式15点・答え10点）

（式）

［　　　　］

2 56 さつのノートを，7 さつずつ 1 まいの紙でつつむと，紙が 4 まいあまりました。紙は何まいありましたか。（式15点・答え10点）

（式）

［　　　　］

3 14 このケーキを，1 箱に 2 こずつ入れ，そのうちの 3 箱を友だちにあげました。箱は何箱のこっていますか。（式15点・答え10点）

（式）

［　　　　］

答えは88ページ ☞

LESSON 12

わり算の問題 ②

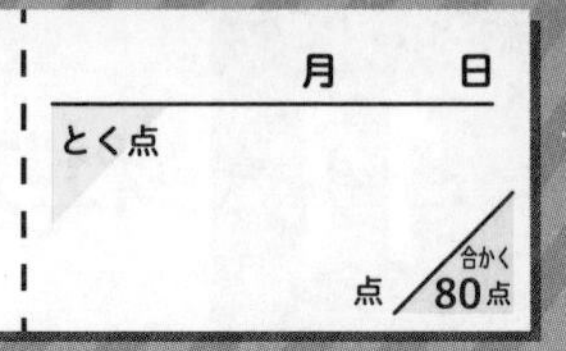

1 10÷5 の式になる問題はどれですか。記号で答えましょう。（20点）

㋐ あめが 10 こあります。5 こ食べると，あめは何こになりますか。

㋑ あめを 1 人に 10 こずつ，5 人に配ると，あめは全部で何こいりますか。

㋒ あめが 10 こあります。1 人に 5 こずつ配ると，何人に配れますか。

[　　　　]

2 18÷3 の式になる問題を 2 つつくりました。□にあてはまる数やことばを書きましょう。（80点）□1つ20

❶ 18 このあめを同じ数ずつ□人に分けます。□は何こになりますか。

❷ 18 このあめを 1 人に□こずつ分けます。□に分けられますか。

答えは88ページ ☞

LESSON 13

大きい数のわり算 ①

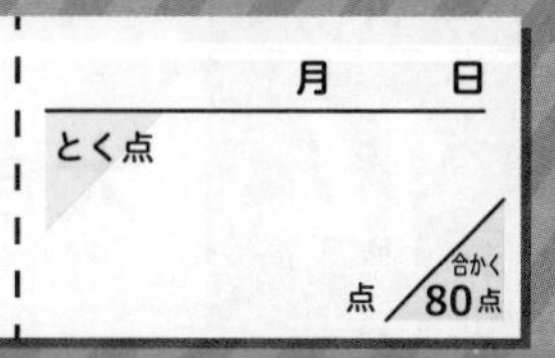

1 80÷4 の計算のしかたを考えます。□にあてはまる数を書きましょう。（40点）□1つ10

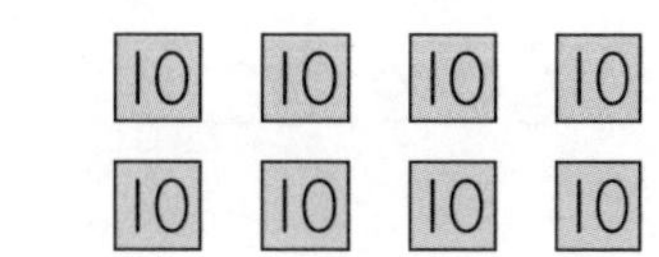

80は，10が□こです。

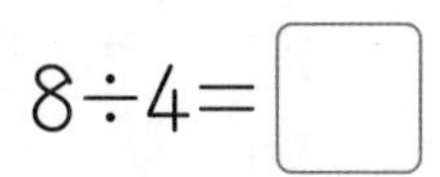

8÷4=□

10が□こずつだから，

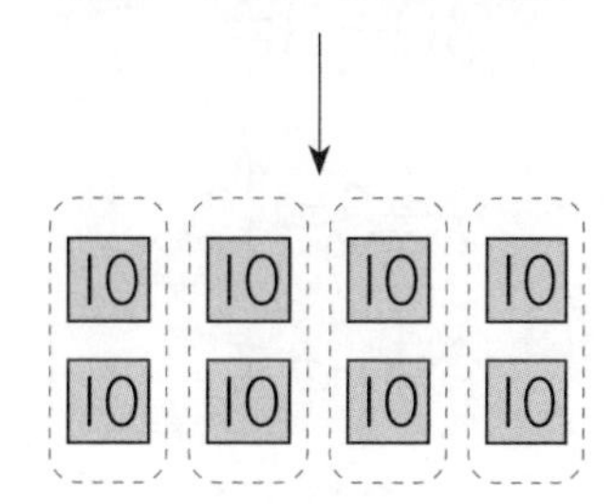

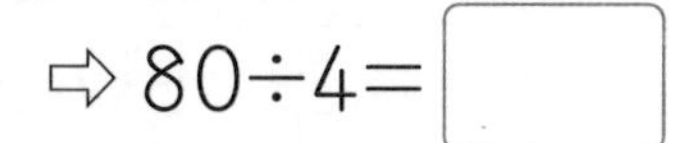

⇨ 80÷4=□

2 計算をしましょう。（60点）1つ10

❶ 60÷3

❷ 80÷2

❸ 90÷3

❹ 40÷2

❺ 70÷7

❻ 20÷2

答えは88ページ ☞

LESSON 14

大きい数のわり算 ②

月　日

とく点

点　合かく 80点

1 39÷3 の計算のしかたを考えます。□にあてはまる数を書きましょう。（40点）□1つ10

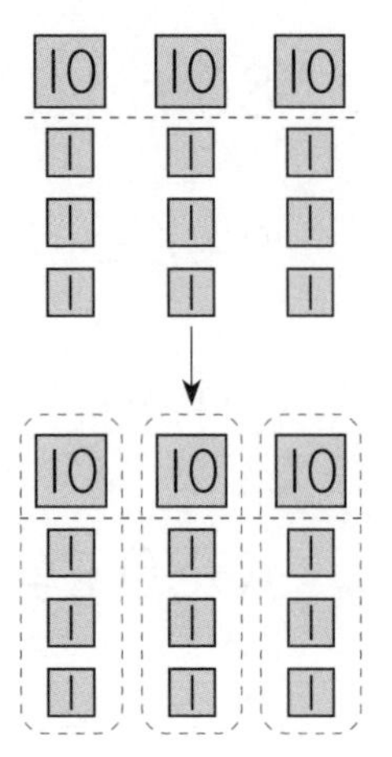

39 を，30 と □ に分けます。

30÷3＝□

9÷3＝□

合わせて

⇨ 39÷3＝□

2 計算をしましょう。（60点）1つ10

❶ 68÷2　　❷ 96÷3

❸ 84÷4　　❹ 26÷2

❺ 63÷3　　❻ 55÷5

答えは88ページ ☞

LESSON 15

時こくと時間 ①

月　日

とく点

点　合かく 75点

1 ゆうたさんは，家を午前８時50分に出て，30分歩いて図書館(としょかん)に着(つ)きました。図書館に着いたのは午前何時何分ですか。（25点）

[　　　　　　]

2 まなさんは，図書館を午後２時45分に出て，25分歩いて駅(えき)に着きました。駅に着いたのは午後何時何分ですか。（25点）

[　　　　　　]

3 次(つぎ)の時こくをもとめましょう。（50点）1つ25

❶ 午前９時20分の50分後の時こく

[　　　　　　]

❷ 午後５時30分の１時間10分後の時こく

[　　　　　　]

LESSON 16

時こくと時間 ②

月　日

とく点

点　合かく 75点

1 このみさんは，家を出て 20 分歩いて，公園に午後３時 10 分に着(つ)きました。家を出た時こくは午後何時何分ですか。（25点）

[　　　　　　　]

2 はるとさんの家から水族館(すいぞくかん)まで 50 分かかります。午前 10 時 30 分に水族館に着くには，家を午前何時何分に出るとよいですか。（25点）

[　　　　　　　]

3 次(つぎ)の時こくをもとめましょう。（50点）1つ25

❶ 午前 8 時 20 分の 40 分前の時こく

[　　　　　　　]

❷ 午後 6 時の 1 時間 30 分前の時こく

[　　　　　　　]

答えは88ページ ☞

LESSON 17

時こくと時間 ③

月　日

とく点　　点　合かく 75点

1 かずきさんたちは，午前 9 時 30 分に学校を出て，午前 10 時 20 分に動物園（どうぶつえん）に着（つ）きました。かかった時間は何分ですか。（25点）

[　　　　]

2 あすかさんは，遊園地（ゆうえんち）までバスに 25 分，電車に 40 分乗（の）って行きました。乗り物に乗っていた時間は，合わせて何時間何分ですか。（25点）

[　　　　]

3 次（つぎ）の時間は何時間何分ですか。（50点）1つ25

❶ 1 時間 30 分と 40 分を合わせた時間

[　　　　]

❷ 午前 11 時から午後 2 時 20 分までの時間

[　　　　]

LESSON 18

時こくと時間 ④

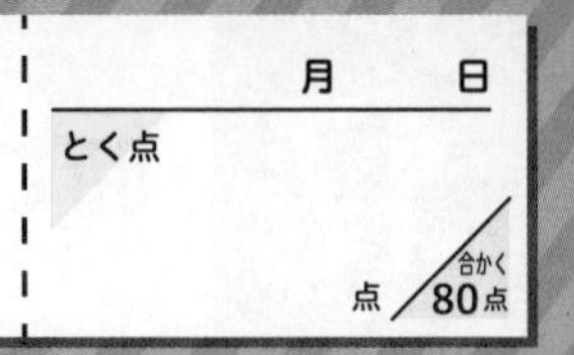

1 次(つぎ)の□にあてはまる時間のたんいを書きましょう。

(30点) 1つ15

❶ 学校の休み時間　10□

❷ 50 m を走るのにかかった時間　15□

2 次にあげた時間を，長いじゅんに□の中に番号(ばんごう)を書きましょう。(30点)

2分　□

90秒(びょう)　□

1分50秒　□

3 □にあてはまる数を書きましょう。(40点) 1つ10

❶ 100秒＝□分□秒

❷ 3分＝□秒

❸ 2分30秒＝□秒

❹ 76秒＝□分□秒

答えは88ページ ☞

LESSON 19

時こくと時間 ⑤

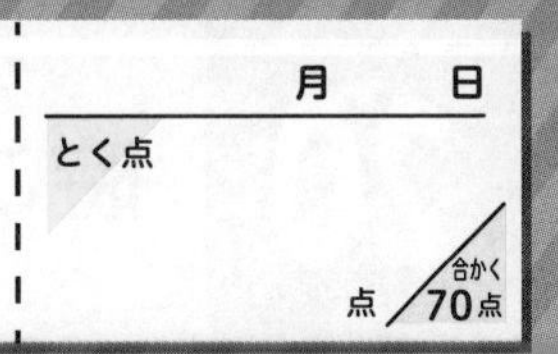

1 やまとさんは家から学校まで，行くときは走り，帰るときは歩きました。行きは３分40秒，帰りは４分50秒かかったそうです。行きと帰りにかかった時間は，合わせて何分何秒ですか。（30点）

[　　　　　　　　]

2 のぞみさんは，山登りに行きました。山のふもとの駅を出たのが午前９時30分で，ちょう上に着いたのが午前11時50分でした。ちょう上で休んでから，午後１時20分にちょう上を出て，50分歩いて駅にもどりました。

❶ 駅から山のちょう上に着くまでにかかった時間は，何時間何分ですか。（30点）

[　　　　　　　　]

❷ 駅にもどったのは，午後何時何分ですか。（40点）

[　　　　　　　　]

答えは88ページ ☞

LESSON 20

時こくと時間 ⑥

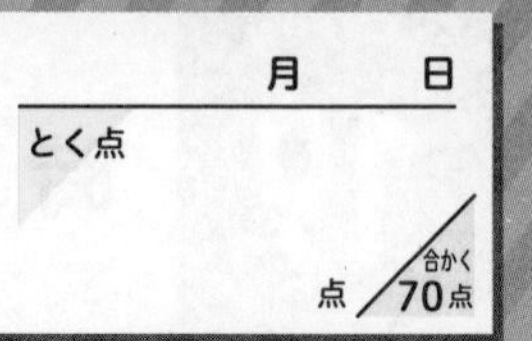

1 りなさんは，下のような方ほうで，えい画館に行き，午前 10 時に着きたいと思っています。

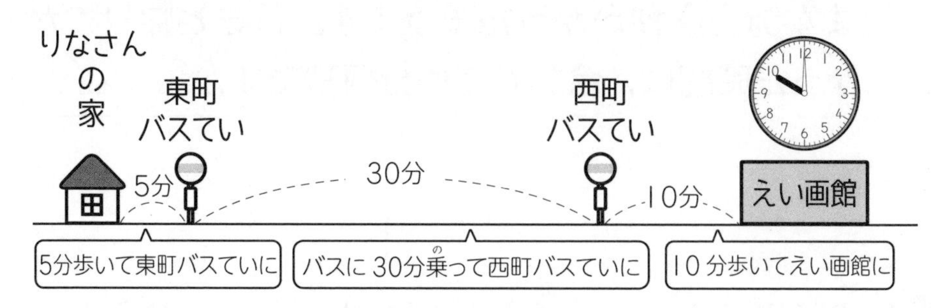

❶ りなさんは，西町のバスていに，午前何時何分までに着けばよいですか。（30点）

[　　　　　　　　]

❷ りなさんは，東町のバスていに，午前何時何分までに着けばよいですか。（30点）

[　　　　　　　　]

❸ 東町のバスていの時こく表は，右のとおりです。りなさんは，家を午前何時何分までに出ればよいですか。（40点）

[　　　　　　　　]

西町行き

時							
5	10			35			
6	10		25		40		55
7	10	15	25	35	40		55
8	10	15	25	35	40		55
9	10		25			45	
10	10		25	35			

答えは88ページ ☞

LESSON 21

たし算の筆算（ひっさん） ①

月　日

とく点

点 / 合かく 80点

1 □にあてはまる数を書きましょう。（10点）1つ5

❶
```
  1 2 7
+ 1 5 3
-------
  2 □ □
```

❷
```
  2 5 6
+ 1 5 3
-------
  □ □ 9
```

2 計算をしましょう。（60点）1つ15

❶
```
  2 3 8
+ 1 4 5
-------
```

❷
```
  3 2 5
+ 1 9 2
-------
```

❸
```
  2 5 6
+ 3 8 7
-------
```

❹
```
  5 1 7
+ 3 8 3
-------
```

3 筆算でしましょう。（30点）1つ15

❶ 608+95

❷ 76+824

答えは89ページ ☞

LESSON 22

たし算の筆算（ひっさん） ②

月　日

とく点　　点／合かく 80点

1 □にあてはまる数を書きましょう。（10点）1つ5

❶
```
    6 9 3
+   5 2 4
---------
  □ □ □ 7
```

❷
```
    3 7 2 9
+   4 6 9 8
-----------
    □ □ 2 7
```

2 計算をしましょう。（60点）1つ15

❶
```
   8 6 4
+  5 7 5
--------
```

❷
```
   6 7 8
+  4 5 6
--------
```

❸
```
   6 7 7 3
+  2 5 8 9
----------
```

❹
```
   5 4 1 6
+  3 5 8 7
----------
```

3 筆算でしましょう。（30点）1つ15

❶ 2845+372

❷ 23+7978

答えは89ページ ☞

LESSON 23

たし算の筆算（ひっさん）③

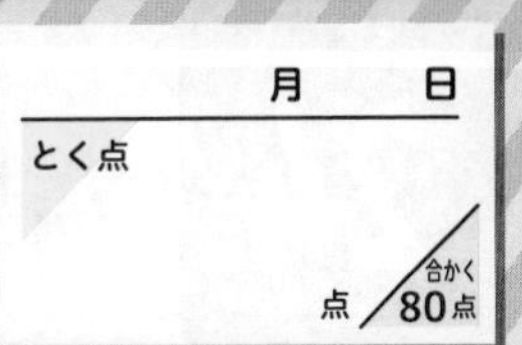

1 □にあてはまる数を書きましょう。（20点）1つ10

❶ 399+420

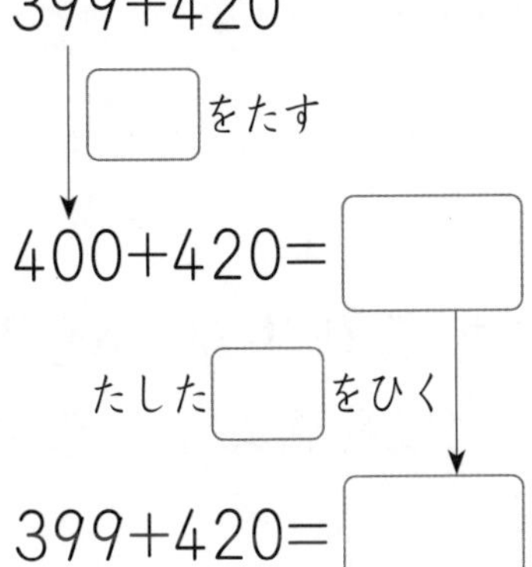

❷ 548+32+68

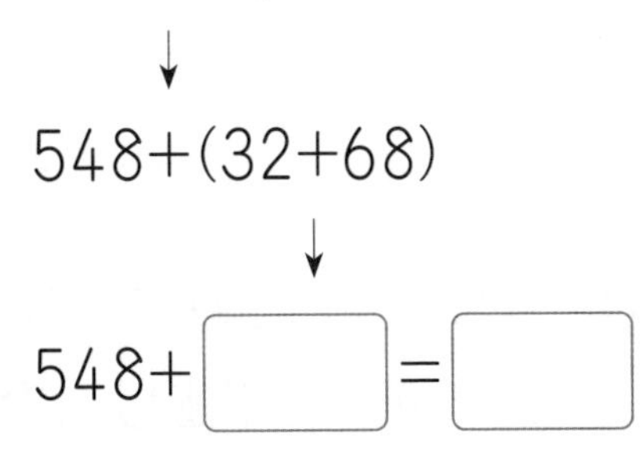

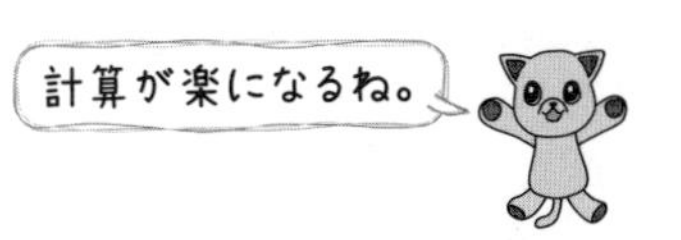

2 くふうして計算しましょう。（80点）1つ20

❶ 650+197

❷ 298+515

❸ 481+55+45

❹ 71+832+29

LESSON 24

たし算の筆算（ひっさん） ④

月　日

とく点　点　合かく80点

1 193円のりんごと，707円のメロンを買います。合わせて何円ですか。（式（しき）10点・答え10点）

（式）

[　　　　]

2 かずまさんの町には，小学校３年生が1457人います。４年生は３年生より248人多いそうです。４年生は何人ですか。（式10点・答え10点）

（式）

[　　　　]

3 セーターとバッグが売られていて，セーターはバッグより280円安（やす）く，3860円です。

❶ バッグは何円ですか。（式20点・答え10点）

（式）

[　　　　]

❷ セーターとバッグを合わせると何円ですか。（式20点・答え10点）

（式）

[　　　　]

答えは89ページ ☞

LESSON 25

ひき算の筆算（ひっさん） ①

月　日

とく点

点 / 合かく 80点

1 □にあてはまる数を書きましょう。（10点）1つ5

❶
```
  4 2 7
− 2 8 5
  □ □ 2
```

❷
```
  7 3 4
− 3 6 8
  □ □ 6
```

2 計算をしましょう。（60点）1つ15

❶
```
  5 6 3
− 2 9 4
```

❷
```
  4 7 3
− 1 7 9
```

❸
```
  6 0 5
− 1 4 7
```

❹
```
  7 0 2
− 6 5 8
```

3 筆算でしましょう。（30点）1つ15

❶ 400−96

❷ 803−4

答えは89ページ ☞

LESSON 26

ひき算の筆算 ②

月　日

とく点

点 ／ 合かく 80点

1 □にあてはまる数を書きましょう。(10点) 1つ5

❶
```
  1 0 0 0
−   8 6 4
---------
    □ □ 6
```

❷
```
  5 6 2 3
− 2 7 8 9
---------
  2 □ 3 □
```

2 計算をしましょう。(60点) 1つ15

❶
```
  1 0 0 0
−   1 5 4
---------
```

❷
```
  1 3 0 4
−   5 9 7
---------
```

❸
```
  8 5 1 4
− 3 5 6 9
---------
```

❹
```
  4 0 6 1
− 2 8 8 5
---------
```

3 筆算でしましょう。(30点) 1つ15

❶ 1007−48

❷ 9342−674

答えは89ページ ☞

LESSON 27

ひき算の筆算（ひっさん） ③

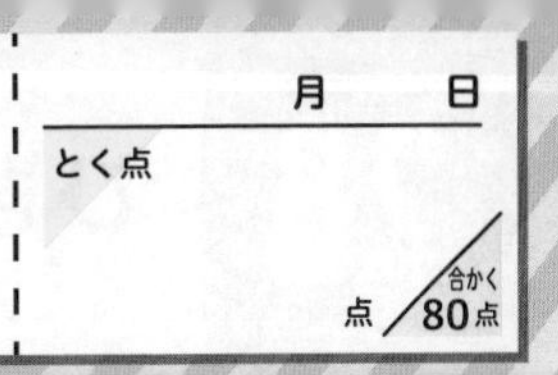

1 □にあてはまる数を書きましょう。（20点）1つ10

❶ 700−298

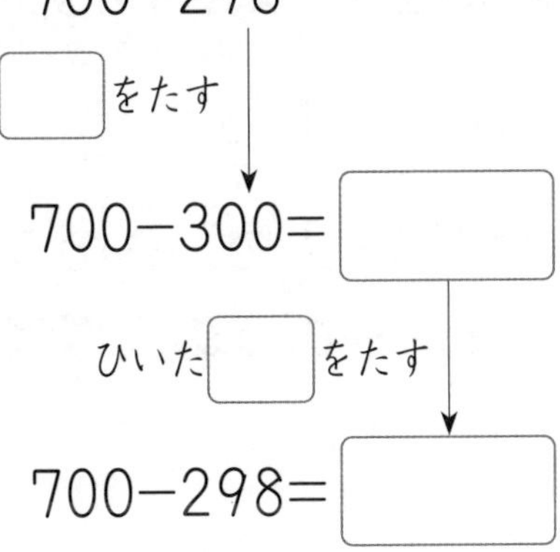

❷ 答えのたしかめをする。

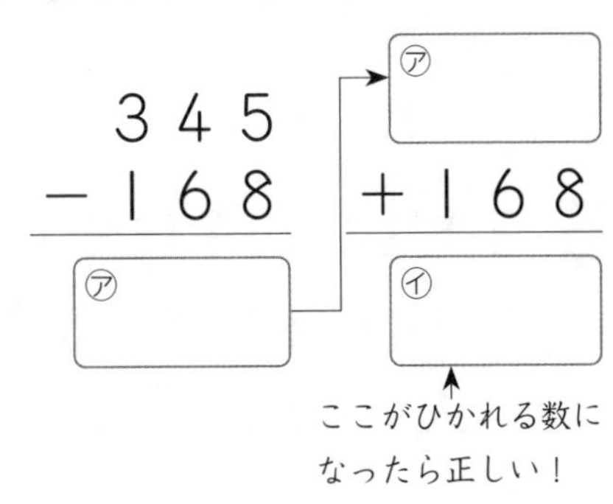

2 くふうして計算しましょう。（40点）1つ20

❶ 400−199　　❷ 605−97

3 ひき算をして，答えのたしかめをします。□に数や筆算を書いて，たしかめの計算をしましょう。（40点）1つ20

❶

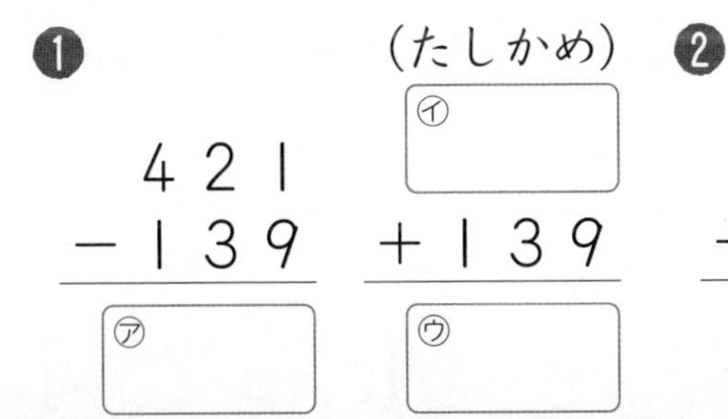

❷

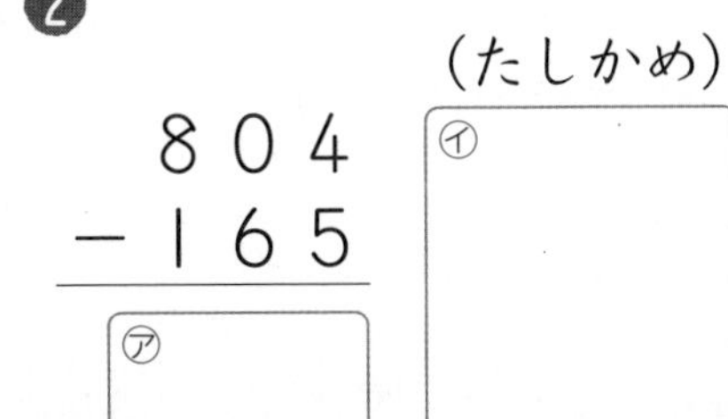

答えは89ページ

LESSON 28

ひき算の筆算 ④

月　日

とく点

点　合かく 80点

1 のあさんは本を 347 ページ，れなさんは 269 ページ読みました。ちがいは何ページですか。

（式10点・答え10点）

（式）

[　　　　]

2 子ども館の今日の入場者は 703 人で，きのうより 116 人多かったそうです。きのうの入場者は何人ですか。（式10点・答え10点）

（式）

[　　　　]

3 くつとシャツとズボンが売られています。

くつ	シャツ	ズボン
2960 円	1890 円	2370 円

❶ くつとシャツでは，どちらが何円高いですか。

（式10点・答え10点）

（式）

[　　　　]

❷ くつとズボンを買って 10000 円はらうと，おつりは何円ですか。（式20点・答え20点）

（式）

[　　　　]

答えは90ページ

LESSON 29

たし算の暗算

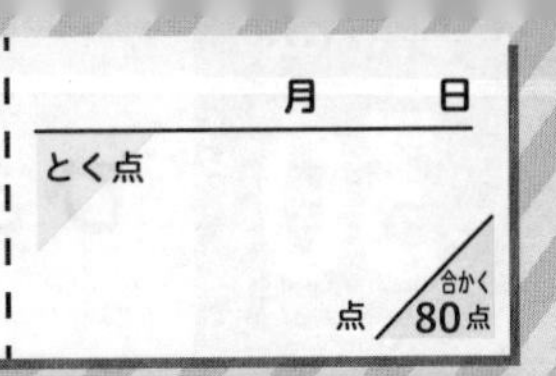

1 たし算の暗算のしかたを２通り考えます。□にあてはまる数を書きましょう。（40点）1つ20

❶ 37 ＋ 28

30 ㋐□　20 ㋑□

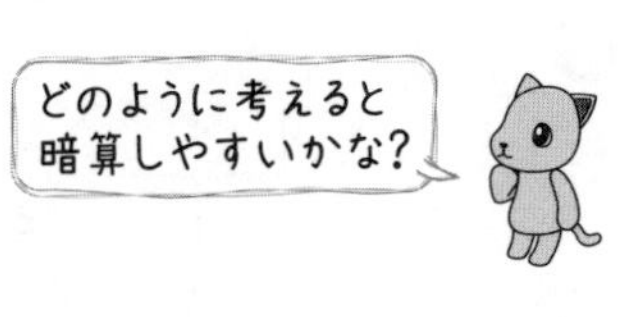

⇨ 30 ＋ 20 ＝ ㋒□
㋐□ ＋ ㋑□ ＝ ㋓□
合わせて ㋔□

❷ 37+28=37+㋐□+8
=㋑□+8=㋒□

2 暗算でしましょう。（60点）1つ15

❶ 45+32　❷ 27+46

❸ 56+24　❹ 79+63

答えは90ページ ☞

LESSON 30

ひき算の暗算

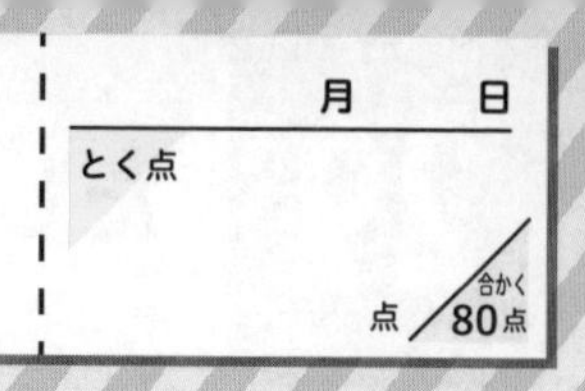

1 ひき算の暗算のしかたを２通り考えます。□にあてはまる数を書きましょう。（40点）1つ20

❶ 83−48

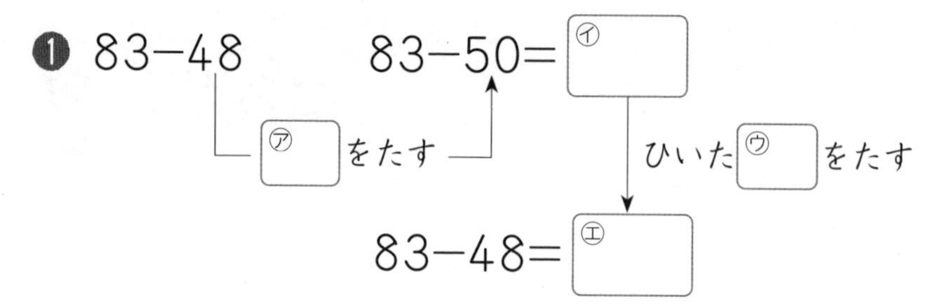

❷ 83−48＝83−㋐□−8

＝㋑□−8＝㋒□

2 暗算でしましょう。（60点）1つ15

❶ 47−25

❷ 71−39

❸ 100−57

❹ 125−96

LESSON 31

大きい数 ①

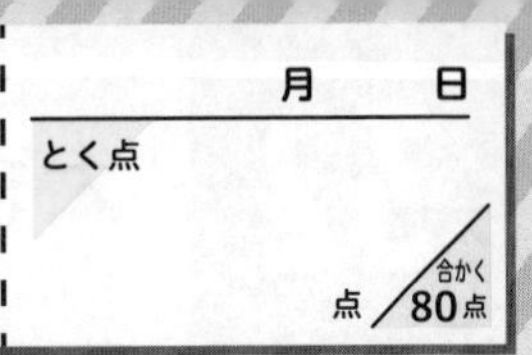

1 数字で書きましょう。(20点) 1つ10

❶ 二百十五万六千八百

[ ]

❷ 100万を6こ，1万を7こ，1000を9こ合わせた数

[ ]

2 □にあてはまる数を書きましょう。(80点) 1つ20

❶ 38528000は，1万を□こと，あと8000を合わせた数です。

❷ 460000は，1000を□こ集(あつ)めた数です。

❸ 1000を52こ集めた数は，□です。

❹ 1億(おく)は，1000万を□こ集めた数です。

答えは90ページ ☞

LESSON 32

大きい数 ②

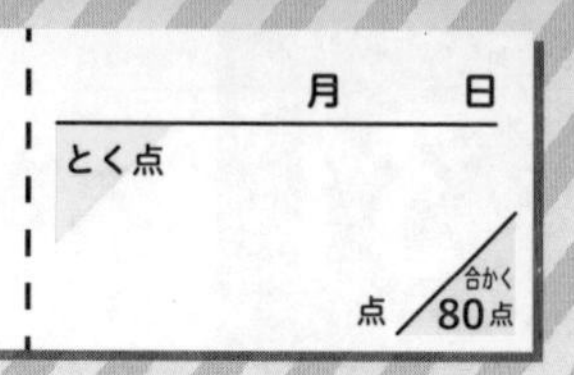

1 ㋐，㋑にあたる数を書きましょう。（40点）[ ]1つ20

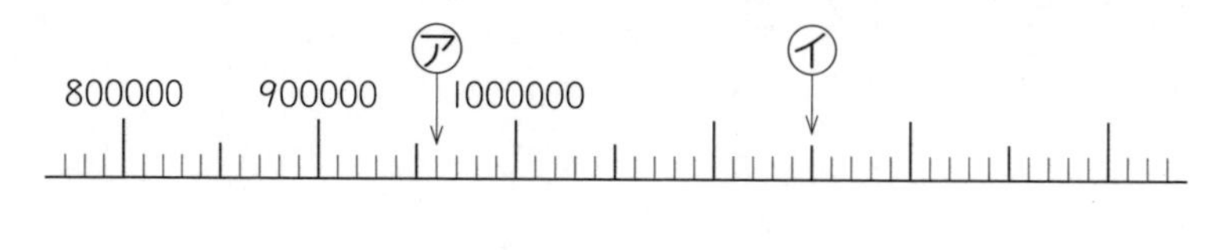

㋐[　　　　　　] ㋑[　　　　　　]

2 □にあてはまる等号（とうごう），不等号（ふとうごう）を書きましょう。

（30点）1つ10

❶ 3709900 □ 3701990

❷ 687000 □ 6780000

❸ 4200+800 □ 5000

3 52−34=18 を使（つか）って，次（つぎ）の計算をしましょう。

（30点）1つ15

❶ 52000−34000

❷ 520万−340万

大きい数 ③

月　日

とく点

点　合かく 80点

1 まいさんが㋐県(けん)と㋑県のある年の人口を調(しら)べたら，下のようになりました。

㋐県	㋑県
513924人	8126705人

❶ ㋐県の人口の数の一万の位(くらい)の数字は，何ですか。（20点）

[　　　　]

❷ ㋑県の人口の数の8の数字は，何の位を表(あらわ)していますか。（20点）

[　　　　]

❸ ㋐県，㋑県の人口の読み方を書きましょう。（40点）[　]1つ20

㋐県 [　　　　]

㋑県 [　　　　]

❹ 人口が多いのは，㋐と㋑のどちらの県ですか。（20点）

[　　　　]

答えは90ページ ☞

LESSON 34

10倍(ばい)した数，10でわった数

月　日

とく点

点 / 合かく 80点

1 次(つぎ)の数を10倍，100倍した数はそれぞれいくつですか。(40点) [　]1つ10

❶ 70

10倍 [　　　　]

100倍 [　　　　]

❷ 230

10倍 [　　　　]

100倍 [　　　　]

2 次の数を10でわった数はいくつですか。(20点) 1つ10

❶ 60

[　　　　]

❷ 380

[　　　　]

3 35を1000倍した数について考えます。□にあてはまる数を書きましょう。(20点) □1つ5

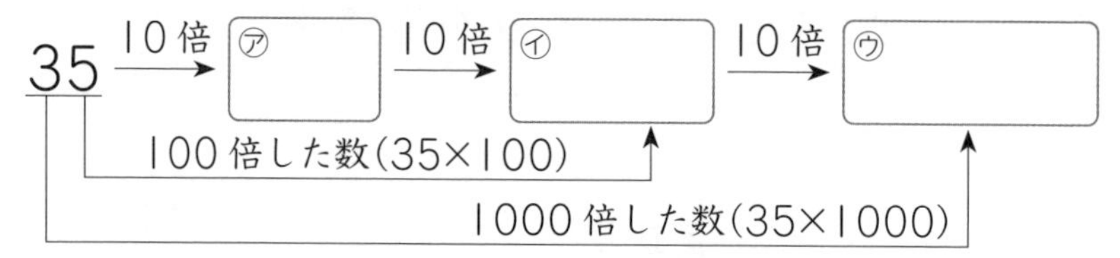

35×1000= ㋓

4 次の数を1000倍した数はいくつですか。(20点) 1つ10

❶ 50

[　　　　]

❷ 860

[　　　　]

答えは90ページ ☞

LESSON 35

長さ ①

月　日

とく点　点 / 合かく 80点

1 下の図のようなまきじゃくがあります。

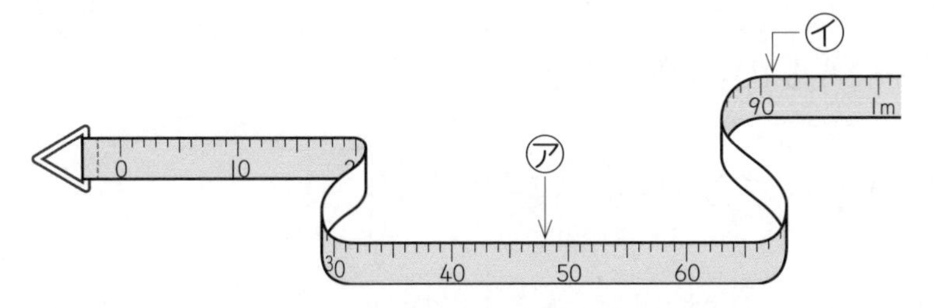

❶ ㋐，㋑の目もりはそれぞれ何 cm ですか。

（40点）［　］1つ20

㋐［　　　　　］　㋑［　　　　　］

❷ 次（つぎ）のうち，まきじゃくで長さをはかるほうがよいものはどちらですか。○をつけましょう。（20点）

・木のまわりの長さ　・はがきの横（よこ）の長さ

2 □にあてはまる数を書きましょう。（40点）1つ10

❶ 4000 m＝□ km

❷ 3840 m＝□ km □ m

❸ 9 km＝□ m

❹ 5 km 26 m＝□ m

答えは90ページ ☞

LESSON 36

長さ ②

月　日

とく点

点 合かく 80点

1 □にあてはまる長さのたんいを書きましょう。

（30点）1つ10

❶ テーブルの高さ　75 □

❷ 家のカーテンの横（よこ）の長さ　2 □

❸ 自転車（じてんしゃ）で１時間に走る道のり　12 □

2 右の図を見て，答えましょう。

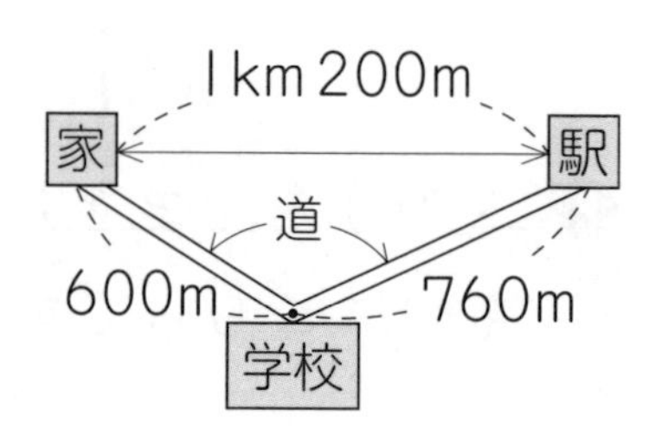

❶ 家から駅までのきょりは，何 km 何 m ですか。（10点）

[　　　　　]

❷ 家から駅までの道のりは，何 km 何 m ですか。（30点）

[　　　　　]

❸ 家から駅までのきょりと道のりでは，どちらが何 m 長いですか。（30点）

[　　　　　]

答えは90ページ ☞

LESSON 37

あまりのあるわり算 ①

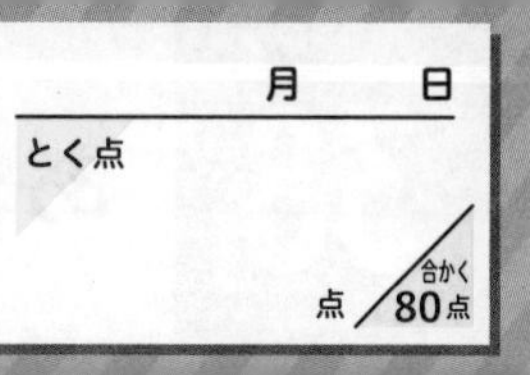

1 次(つぎ)の計算で，わり切れるものには○，わり切れないものには × を，□に書きましょう。（20点）1つ5

❶ 30÷4 □　　❷ 27÷3 □

❸ 45÷9 □　　❹ 52÷6 □

2 計算をしましょう。（80点）1つ10

❶ 17÷4　　❷ 43÷5

❸ 26÷6　　❹ 17÷9

❺ 68÷7　　❻ 54÷8

❼ 71÷9　　❽ 50÷7

答えは91ページ ☞

LESSON 38

あまりのあるわり算 ②

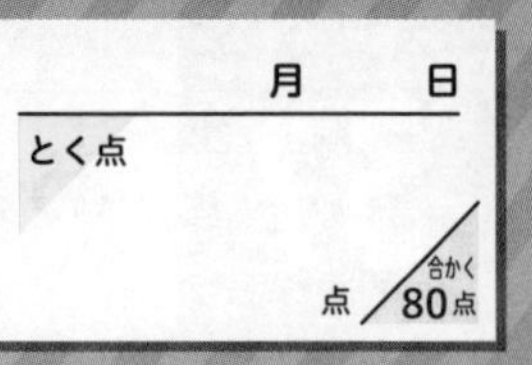

1 □にあてはまる数を書きましょう。（50点）□1つ10

ある数を６でわると，わり切れないであまりが出ました。あまりの数は，□か，□か，□か，□か，□になります。

あまりはわる数より
小さくなるよ。

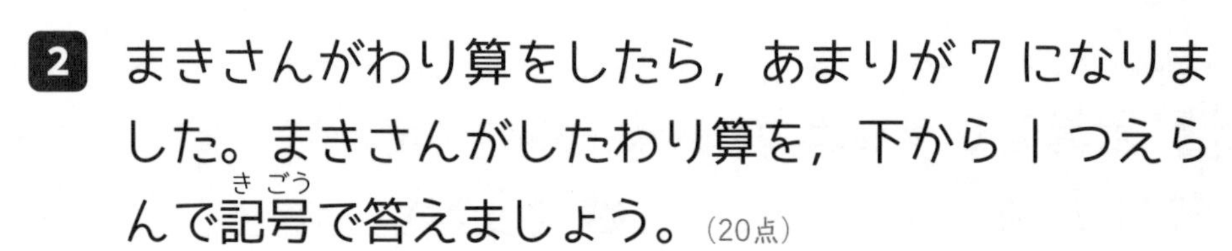

2 まきさんがわり算をしたら，あまりが７になりました。まきさんがしたわり算を，下から１つえらんで記号(きごう)で答えましょう。（20点）

㋐ 14÷5　　㋑ 34÷7

㋒ 47÷8　　㋓ 21÷6

[　　　　]

3 50 cm のリボンを，6 cm ずつ切ると，6 cm のリボンは何本できて，何 cm あまりますか。（式(しき)20点・答え10点）

（式）

[　　　　　　　　]

答えは91ページ ☞

LESSON 39

あまりのあるわり算 ③

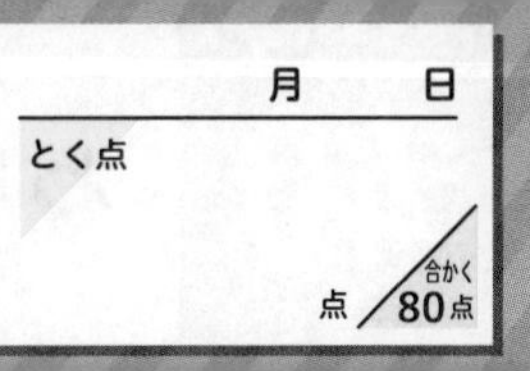

1 27÷4 の計算をしました。この計算の答えを下のようにたしかめます。□にあてはまる数やことばを書きましょう。（40点）□1つ10

27÷4＝6 あまり 3

❶ あまりが，わる数より □ なっている。

❷ （たしかめの式（しき）） 4× □ ＋3＝ □

❸ たしかめの式の答えは □ と同じになったので，この計算の答えは正しいです。

2 次（つぎ）の計算の答えが正しいものには○を，まちがっていれば正しい答えに直しましょう。（60点）1つ20

❶ 22÷3＝6 あまり 4　［　　　　］

❷ 33÷4＝8 あまり 1　［　　　　］

❸ 50÷6＝8 あまり 3　［　　　　］

LESSON 40

わり算の問題 ③

月　日

とく点

点 / 合かく 80点

1 クッキーが 37 まいあります。

❶ 同じ数ずつ 8 人に分けます。1 人分が何まいになって，何まいあまりますか。（式20点・答え10点）

（式）

[　　　　　　　　]

❷ 1 人に 8 まいずつ分けます。何人に分けられて，何まいあまりますか。（式20点・答え10点）

（式）

[　　　　　　　　]

2 20 dL のジュースを 3 dL ずつペットボトルに分けます。3 dL 入りのペットボトルは何本できて，何 dL あまりますか。（式20点・答え20点）

（式）

[　　　　　　　　]

答えは91ページ ☞

LESSON 41

わり算の問題 ④

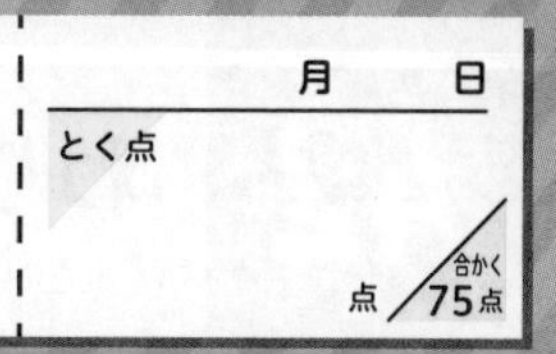

1 子どもが 26 人います。| そうのボートに 4 人ずつ乗ります。

❶ 4 人乗りのボートは何そうできて，何人のこりますか。（式15点・答え10点）

（式）

[　　　　　　　　　　]

❷ 全員がボートに乗るには，ボートは何そういりますか。（25点）

[　　　　　]

2 りくさんは，ゲームのサービス点を 42 点ためました。5 点でゲームが | 回できます。

❶ りくさんはゲームを何回できますか。（式15点・答え10点）

（式）

[　　　　　]

❷ もう | 回するには，あと何点いりますか。（25点）

[　　　　　]

答えは91ページ ☞

LESSON 42

わり算の問題 ⑤

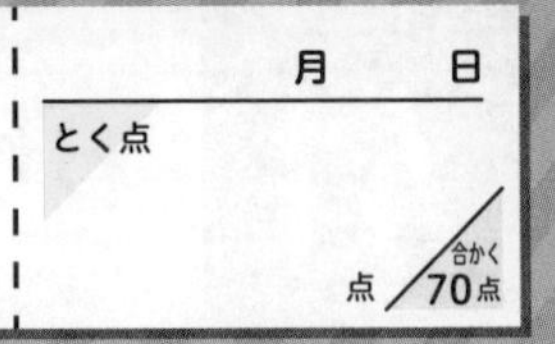

1 あめを｜ふくろに４こずつ入れると，９ふくろできて，｜こあまりました。

❶ あめは全部で何こありますか。（式25点・答え10点）

（式）

［　　　　］

❷ このあめを｜ふくろに５こずつ入れると，５こ入りのふくろは何ふくろできて，何こあまりますか。

（式25点・答え10点）

（式）

［　　　　］

❸ ５こ入りのふくろと，６こ入りのふくろを作って，全部のあめをふくろに入れたいと思います。それぞれ何ふくろできますか。（30点）

５こ入りのふくろ［　　　　］

６こ入りのふくろ［　　　　］

答えは91ページ

円と球 ①

月　日

とく点　　点　合かく 80点

1 □にあてはまることばや数を書きましょう。

（40点）□ 1つ10

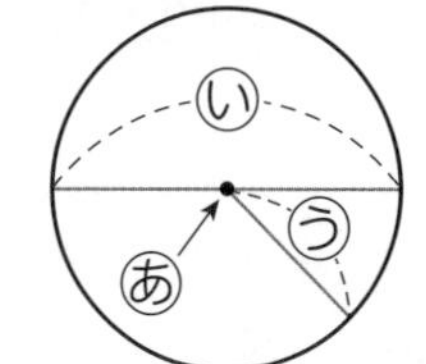

❶ 右の円で，ⓐを□，ⓘを□，ⓤを□といいます。

❷ ⓘの長さは，ⓤの□倍です。

2 円の中に右の図のように直線をひきます。

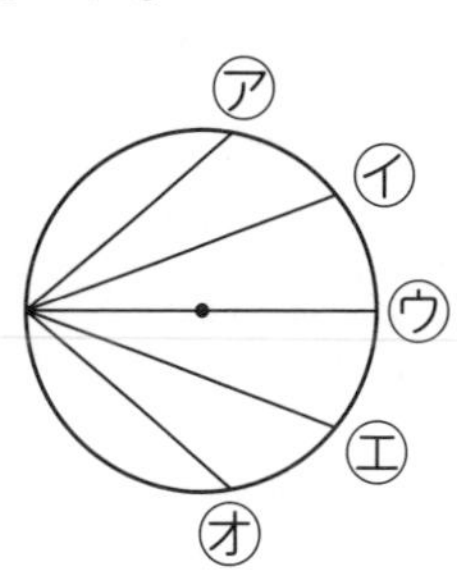

❶ いちばん長い直線は㋐～㋔のどれですか。（20点）

[　　　　]

❷ ❶の直線を何といいますか。（20点）

[　　　　]

3 右の図のように，１つの辺の長さが６cmの正方形に円がぴったり入っています。この円の半径は何cmですか。（20点）

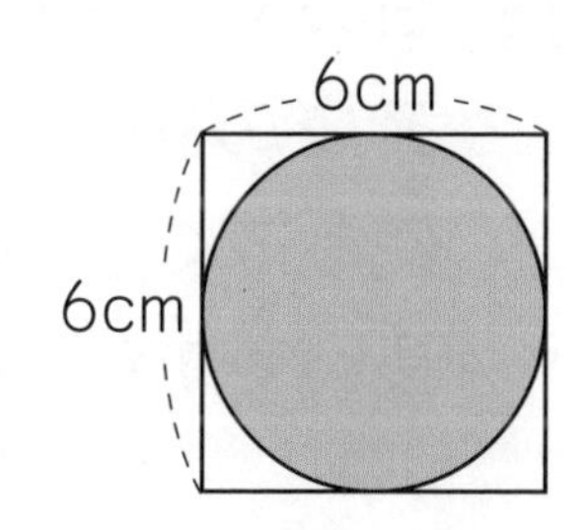

[　　　　]

答えは91ページ ☞

LESSON 44

円と球（きゅう） ②

月　日

とく点

点　合かく 80点

1 直径（ちょっけい）が 8 cm の円をかこうと思います。コンパスを何 cm の長さに開（ひら）けばよいですか。（10点）

[　　　　　]

2 次（つぎ）の円をかきましょう。（70点）1つ35

❶ 半径（はんけい）が 2 cm の円　　❷ 直径が 2 cm の円

3 右の正方形で，アイの長さと，アウの長さを，コンパスを使（つか）ってくらべます。どちらが長いですか。（20点）

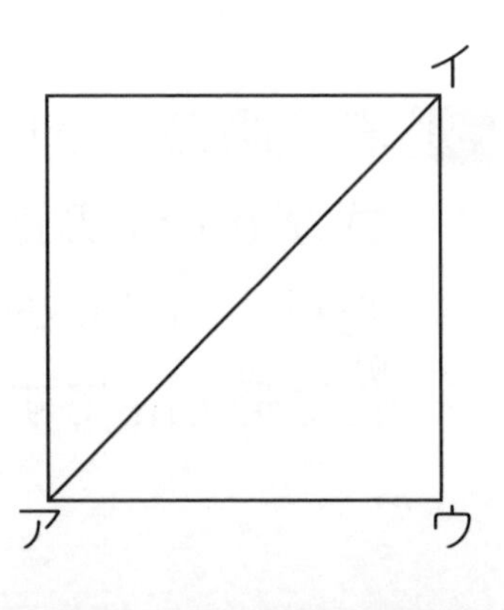

[　　　　　]

円と球（きゅう） ③

月　日

とく点

点　合かく 80点

1 右の球のあ〜うの名まえを書きましょう。（60点）［　］1つ20

あ［　　　　］

い［　　　　］

う［　　　　］

2 右の図のように，球を上のほうで切りました。切り口の図はア〜ウのどれですか。（20点）

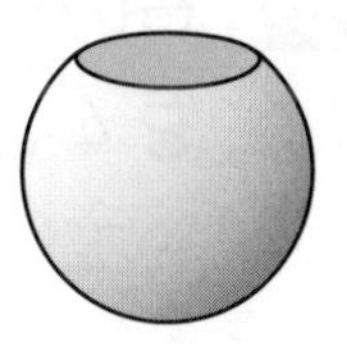

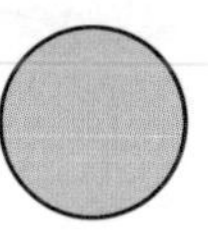
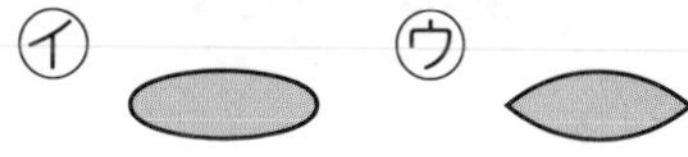

ア　イ　ウ

［　　　　］

3 右の図のように，ボールがくぼみにぴったり入っています。ボールの半径（はんけい）は何cmですか。（20点）

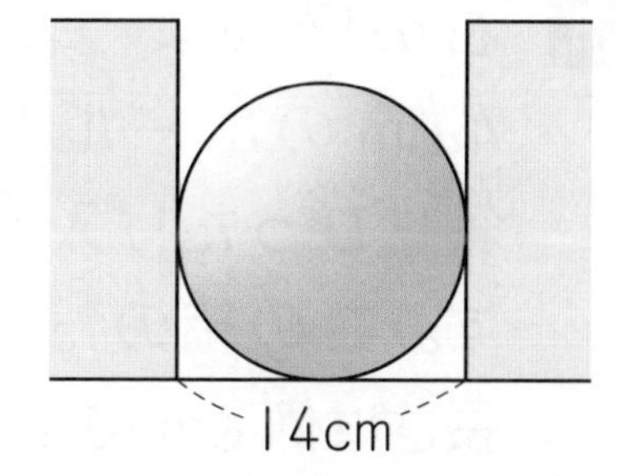

［　　　　］

答えは92ページ

LESSON 46

円と球(きゅう) ④

月　日

とく点

点 / 合かく 80点

1 右の図のように，半径(はんけい) 5 cm の円を重(かさ)ねてならべました。アイの長さは何 cm ですか。（20点）

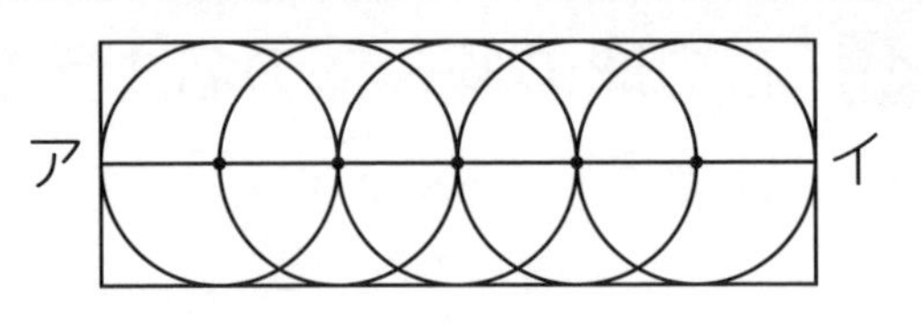

[　　　　]

2 右の図のように，半径 3 cm の円を 4 こならべました。アーイーウーエーアの線は，円の中心をむすんだものです。この線の長さは全部(ぜんぶ)で何 cm ですか。（40点）

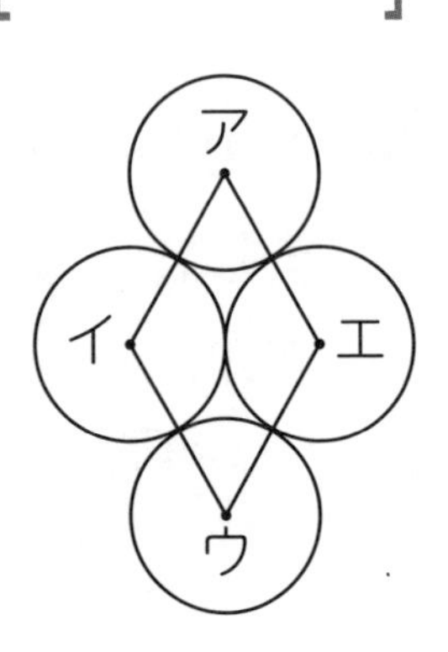

[　　　　]

3 右の図のように，半径 4 cm のボールが 6 こ，箱(はこ)にぴったり入っています。この箱のたて，横(よこ)の長さは何 cm ですか。（40点）[　]1つ20

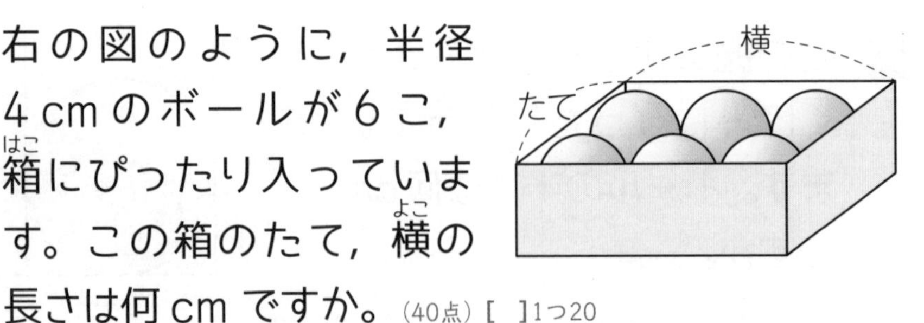

たて[　　　　]　横[　　　　]

LESSON 47

三角形 ①

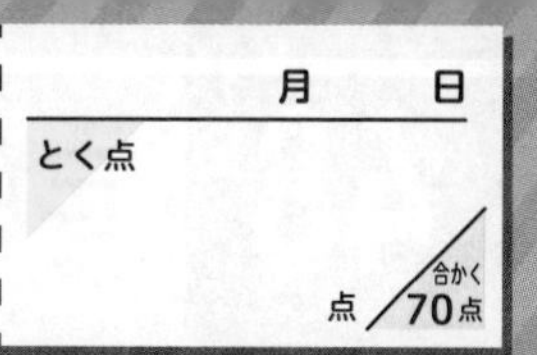

1 □にあてはまることばを書きましょう。（40点）1つ20

❶ 2つの辺（へん）の長さが等（ひと）しい三角形を

□といいます。

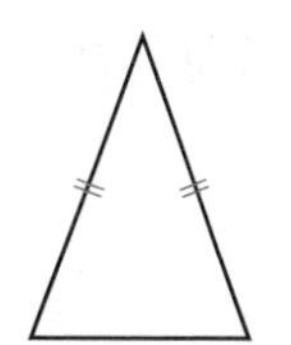

❷ 3つの辺の長さが等しい三角形を

□といいます。

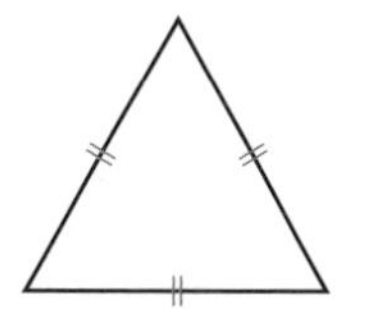

2 下の三角形のうち，二等辺三角形（にとうへんさんかくけい）と正三角形（せいさんかくけい）はあ～きのどれですか。全部（ぜんぶ）答えましょう。（60点）[ ]1つ30

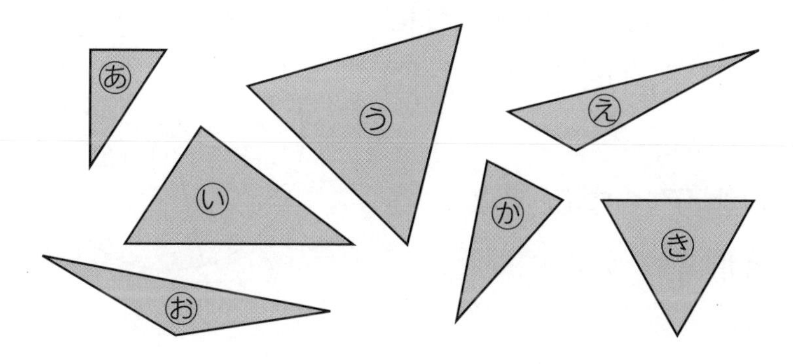

二等辺三角形[　　　　]

正三角形[　　　　]

LESSON 48

三角形 ②

月　日

とく点　　点　合かく 70点

1 三角形をかきましょう。(60点) 1つ30

❶ 辺(へん)の長さが 3 cm, 2 cm, 2 cm の二等辺三角形(にとうへんさんかくけい)

❷ 辺の長さが 3 cm の正三角形(せいさんかくけい)

2 右は，半径(はんけい) 4 cm の円に 2 つの三角形をかいた図です。(40点) 1つ20

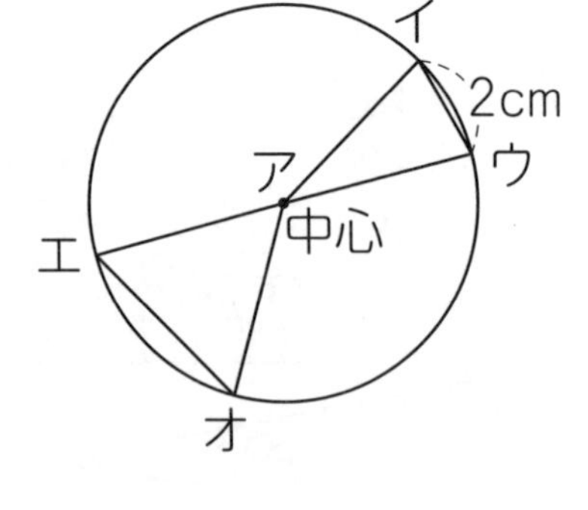

❶ 三角形**アイウ**は何という三角形ですか。

[　　　　　　　]

❷ 三角形**アエオ**は正三角形です。**エオ**は何 cm ですか。

[　　　　　　　]

答えは92ページ ☞

三角形 ③

月　日

とく点

点 / 合かく 70点

1 下のように，紙を重なるように２つにおって，点線のところで切り，広げます。それぞれどんな三角形ができますか。（40点）1つ20

❶

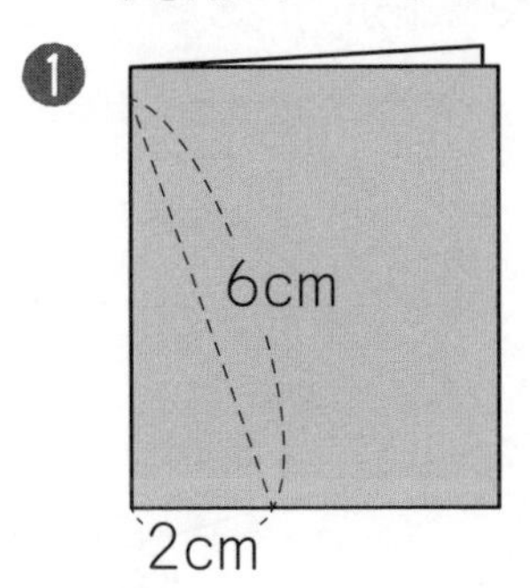

❷

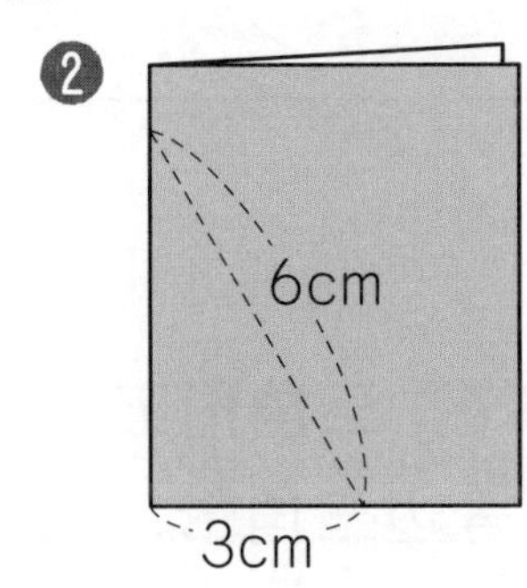

❶ [　　　　　　　　] ❷ [　　　　　　　　]

2 長さ18cmのぼうを３本に切って，右のように，三角形をつくります。

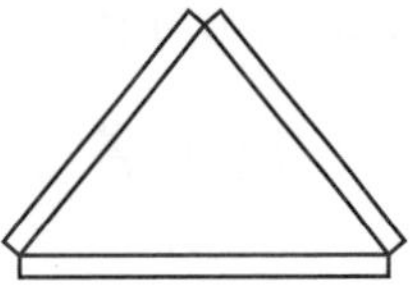

❶ 正三角形をつくるには，１つの辺の長さを何cmにすればよいですか。（30点）

[　　　　　　]

❷ １つの辺の長さが４cmの二等辺三角形をつくります。ほかの２つの辺の長さは何cmになりますか。（30点）

[　　　　　　]

答えは92ページ☞

LESSON 50

角

月　日

とく点

点／合かく70点

1 角が大きいじゅんに，記号を書きましょう。（30点）

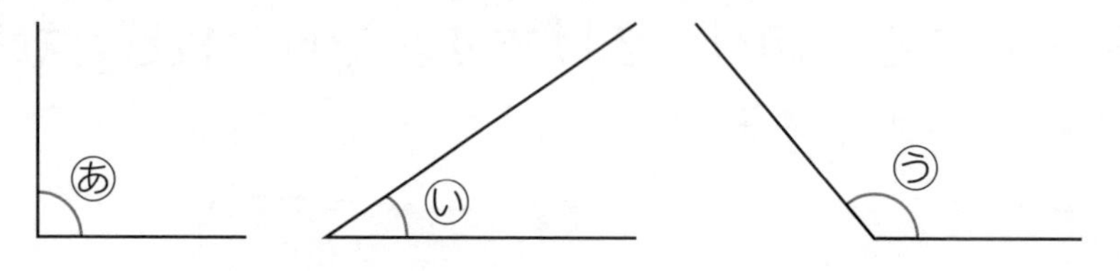

[　　　　]

2 右の図で，三角形アイウは二等辺三角形，三角形アウエは正三角形です。

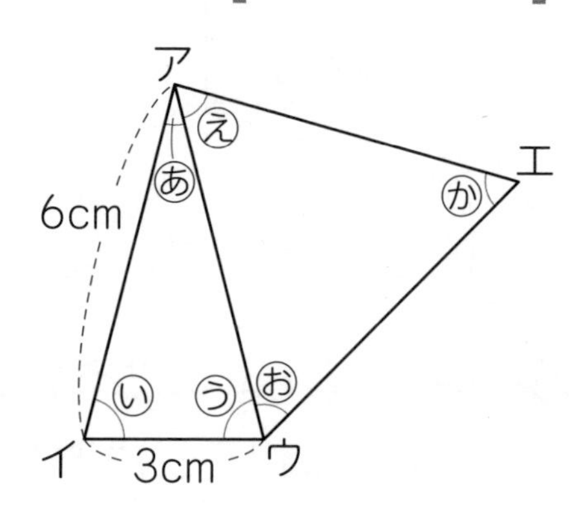

❶ いの角と同じ大きさの角を書きましょう。（20点）

[　　　　]

❷ えの角と同じ大きさの角を全部書きましょう。（20点）

[　　　　]

❸ ウエの長さは何 cm ですか。（30点）

[　　　　]

LESSON 51

□を使った式 ①

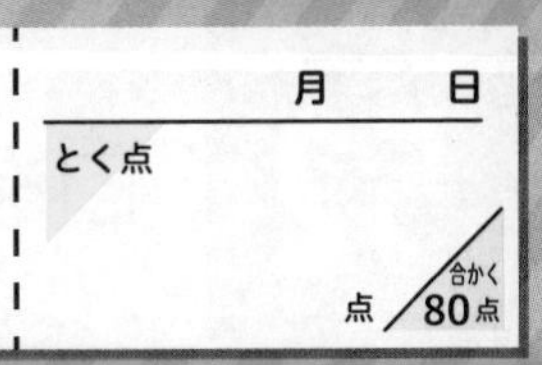

1 図を見て，□にあてはまる数をもとめましょう。

（20点）1つ10

❶ □+6=24

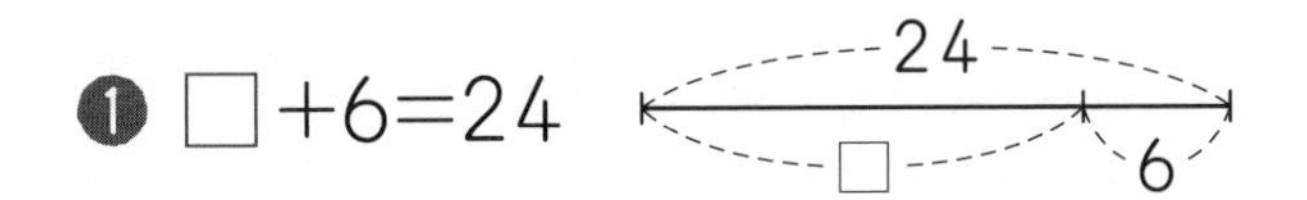

[　　　]

❷ □−7=25

□ 25 7

[　　　]

2 (れい)のように して，□にあてはまる数をもとめましょう。（80点）1つ20

(れい)　4+□=13　□=13−4=9

❶ □+28=45　[　　　　　]

❷ □−71=22　[　　　　　]

❸ □×6=48　[　　　　　]

❹ □÷4=8　[　　　　　]

答えは92ページ

LESSON 52

□を使った式 ②

月　日

とく点

点 / 合かく 75点

1 テープが何 cm かあります。18 cm 使ったら，のこりは 15 cm になりました。(50点) 1つ25

❶ わからない数を□として，ひき算の式に表しましょう。

[　　　　　　　　]

❷ □にあてはまる数をもとめましょう。

[　　　　]

2 1 ふくろ 8 まい入りのシールが何ふくろかあります。全部のふくろからシールを出して数えると，56 まいありました。(50点) 1つ25

❶ わからない数を□として，かけ算の式に表しましょう。

[　　　　　　　　]

❷ □にあてはまる数をもとめましょう。

[　　　　]

答えは92ページ

LESSON 53

何十・何百のかけ算

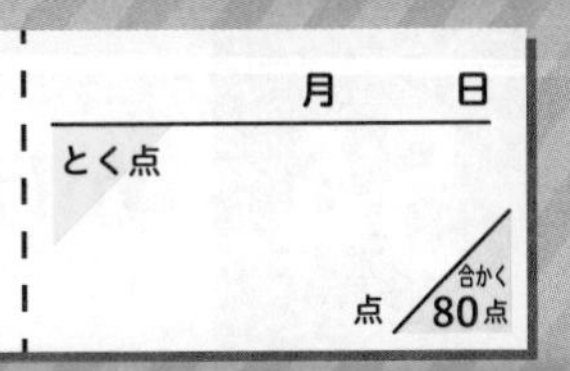

1 計算のしかたを考えます。□にあてはまる数を書きましょう。(40点) 1つ20

❶ 30×4 の計算

10	10	10	10
10	10	10	10
10	10	10	10

30 は，10 が□こだから，

30×4 は，10 が(3×4)こです。

⇨ 30×4=□

❷ 500×3 の計算

100	100	100
100	100	100
100	100	100
100	100	100
100	100	100

500 は，100 が□こだから，

500×3 は，100 が(5×3)こです。

⇨ 500×3=□

2 計算をしましょう。(60点) 1つ10

❶ 20×3

❷ 50×6

❸ 80×7

❹ 300×3

❺ 600×4

❻ 400×5

答えは92ページ ☞

LESSON 54

かけ算の筆算（ひっさん） ①

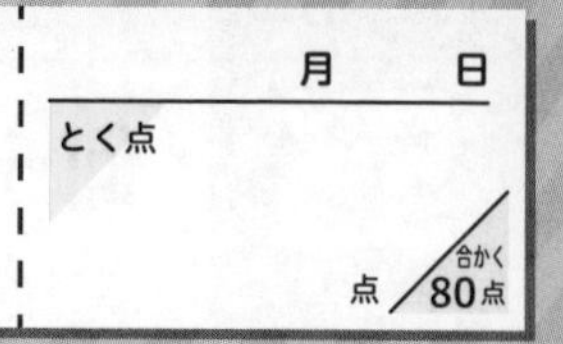

1 26×3 の筆算をします。□にあてはまることばや数を書きましょう。（40点）1つ10

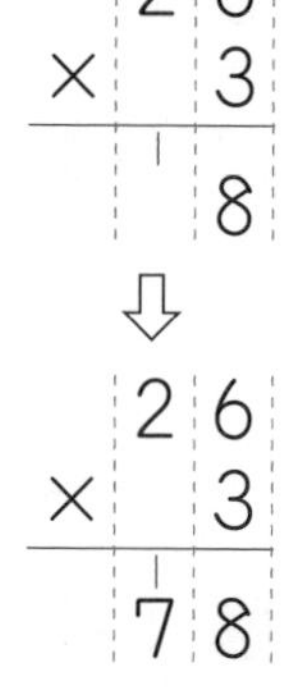

❶ たてに［　　］をそろえて書く。

❷ 3×6＝18 だから，

一の位（くらい）に［　　］を書き，十の位に

1［　　　　］る。

❸ 3×2＝6 だから，

十の位は，［　］＋［　］＝［　］

❹ 答えは［　　］です。

2 計算をしましょう。（60点）1つ10

❶ $\begin{array}{r} 12 \\ \times\ \ 4 \\ \hline \end{array}$

❷ $\begin{array}{r} 23 \\ \times\ \ 2 \\ \hline \end{array}$

❸ $\begin{array}{r} 31 \\ \times\ \ 3 \\ \hline \end{array}$

❹ $\begin{array}{r} 16 \\ \times\ \ 6 \\ \hline \end{array}$

❺ $\begin{array}{r} 28 \\ \times\ \ 3 \\ \hline \end{array}$

❻ $\begin{array}{r} 18 \\ \times\ \ 5 \\ \hline \end{array}$

答えは93ページ ☞

LESSON 55

かけ算の筆算 ②

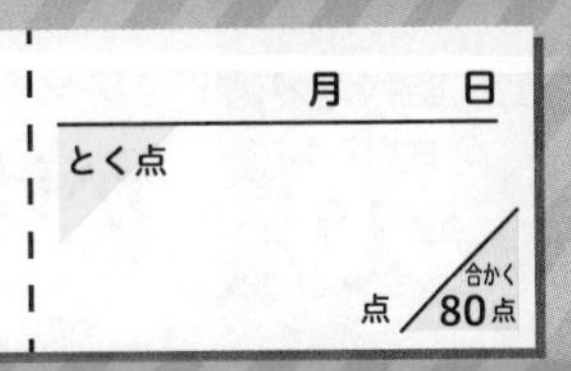

1 計算をしましょう。（60点）1つ10

❶ 32×4

❷ 51×3

❸ 47×6

❹ 48×7

❺ 26×9

❻ 75×8

2 色紙を１人38まいずつ８人に配りますます。色紙は全部で何まいいりますか。（式10点・答え10点）

（式）

[　　　　]

3 １本64円のえん筆を６本買います。代金は何円ですか。（式10点・答え10点）

（式）

[　　　　]

答えは93ページ ☞

かけ算の筆算 ③

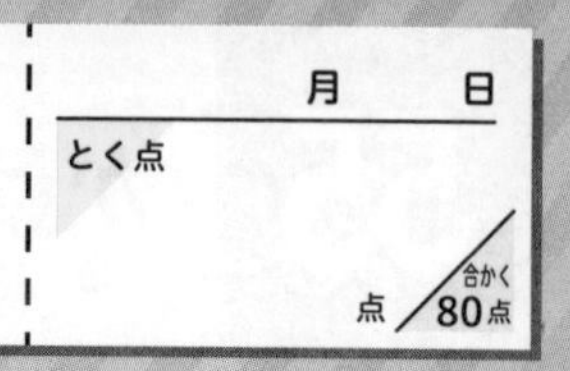

1 計算をしましょう。（60点）1つ10

❶
```
  231
×   3
```

❷
```
  364
×   2
```

❸
```
  189
×   4
```

❹
```
  137
×   6
```

❺
```
  267
×   3
```

❻
```
  225
×   4
```

2 129円のノートを3さつ買います。代金（だいきん）は何円ですか。（式（しき）10点・答え10点）

（式）

[　　　　]

3 れんがで花だんを4つつくります。1つの花だんに214こ使（つか）います。れんがは全部（ぜんぶ）で何こいりますか。（式10点・答え10点）

（式）

[　　　　]

答えは93ページ

LESSON 57

かけ算の筆算 ④

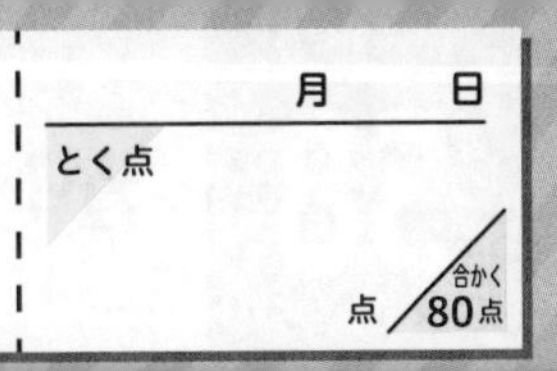

1 計算をしましょう。（60点）1つ10

❶ $\begin{array}{r} 632 \\ \times\quad 3 \\ \hline \end{array}$　❷ $\begin{array}{r} 281 \\ \times\quad 7 \\ \hline \end{array}$　❸ $\begin{array}{r} 419 \\ \times\quad 4 \\ \hline \end{array}$

❹ $\begin{array}{r} 348 \\ \times\quad 9 \\ \hline \end{array}$　❺ $\begin{array}{r} 837 \\ \times\quad 6 \\ \hline \end{array}$　❻ $\begin{array}{r} 675 \\ \times\quad 8 \\ \hline \end{array}$

2 298円のせんべいを5ふくろ買います。代金(だいきん)は何円ですか。（式(しき)10点・答え10点）

（式）

[　　　　]

3 首かざりを8本つくります。1本に126このビーズがいります。ビーズは全部(ぜんぶ)で何こいりますか。（式10点・答え10点）

（式）

[　　　　]

答えは93ページ ☞

LESSON 58

かけ算の筆算（ひっさん） ⑤

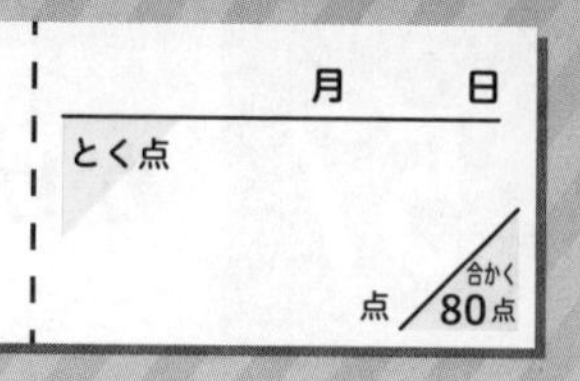

1 計算をしましょう。（60点）1つ10

❶ 203×3

❷ 407×5

❸ 608×7

❹ 180×4

❺ 550×6

❻ 800×9

2 □にあてはまる数を書きましょう。（40点）1つ20

❶

$$\begin{array}{r} ㋐\ 7\ ㋑ \\ \times \quad\quad 3 \\ \hline 8\ 2\ 8 \end{array}$$

❷

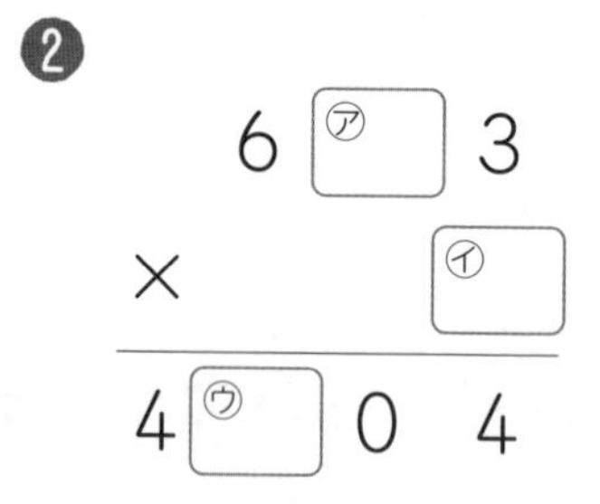

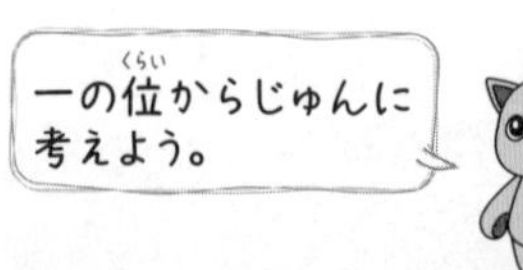

答えは93ページ ☞

LESSON 59

かけ算の問題 ①

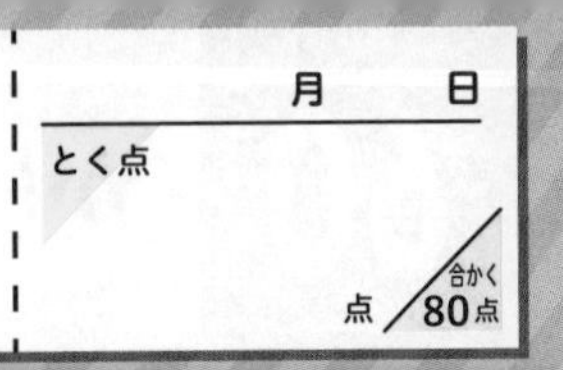

1 1本75 cmのリボンを6本買います。リボンは全部で何m何cmになりますか。（式10点・答え10点）

（式）

［　　　　］

2 1さつ125円のノートがあります。1人が3さつずつ8人が買うと，代金は何円になりますか。（式20点・答え20点）

（式）

［　　　　］

3 1mが300円のぬのがあります。このぬのを1mにつき24円安くしてもらって4m買うと，代金は何円になりますか。（式20点・答え20点）

（式）

［　　　　］

答えは93ページ

LESSON 60

かけ算の問題 ②

月　日

とく点　　点　合かく75点

1 1しゅう420mの池のまわりを7しゅうすると，全部で何km何mになりますか。（式15点・答え10点）

（式）

［　　　　］

2 たん生日会で，コップにジュースを入れます。

❶ コップを9こ買います。コップ1こは203円です。代金は何円ですか。（式15点・答え10点）

（式）

［　　　　］

❷ コップ1こにジュースを215mL入れます。コップ9こでは全部で何mL入りますか。（式15点・答え10点）

（式）

［　　　　］

❸ ジュースは2Lあります。❷のとき，ジュースはたりますか。たりませんか。（25点）

［　　　　］

答えは93ページ ☞

LESSON 61

計算のきまり ①

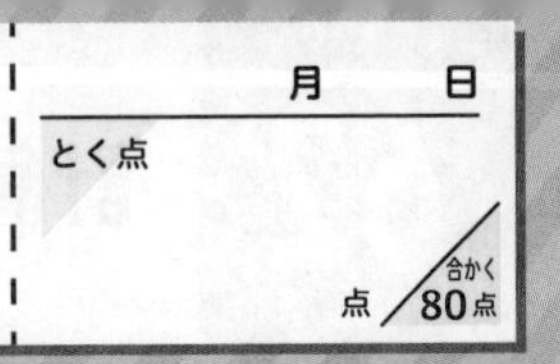

1 1たば15まいの色紙が，箱に5たばずつ入っています。2箱では何まいになるかを，1つの式に表してもとめます。

❶ 1箱では何まいになるかを，先に考えます。□にあてはまる数を書いて，もとめましょう。（30点）

(□×□)×2＝□

[　　　　　]

❷ 全部で何たばあるかを，先に考えます。□にあてはまる数を書いて，もとめましょう。（30点）

15×(□×□)＝□

[　　　　　]

2 くふうして計算しましょう。（40点）1つ20

❶ 70×3×2

❷ 264×2×5

答えは93ページ

LESSON 62

計算のきまり ②

月　日

とく点

点 合かく 80点

1 Ⅰ本Ⅰ20円のジュース６本と，Ⅰこ80円のあめを６こ買いました。代金（だいきん）が何円になるかをもとめます。

❶ ジュース代とあめ代をべつべつに考えます。□にあてはまる数を書いて，もとめましょう。（30点）

(Ⅰ20×□)＋(80×□)＝□

[　　　　]

❷ ジュースとあめをⅠ組にして考えます。□にあてはまる数を書いて，もとめましょう。（30点）

(Ⅰ20+80)×□＝□

[　　　　]

2 □にあてはまる数を書きましょう。（40点）1つ20

❶ (30×3)＋(40×3)＝(30＋□)×3

❷ (Ⅰ00+50)×5＝(Ⅰ00×□)＋(50×□)

答えは94ページ ☞

LESSON 63

表とグラフ ①

月　日

とく点　　点　合かく80点

1 下の表は，りくさんの組の人たちが，ある月に図書室からかりた本のしゅるいと数を調べて，整理したものです。

かりた本の数調べ

しゅるい	物語	でん記	科学	図かん	じてん	合計
数(さつ)	20	28	14	4	2	68

❶ グラフの㋐に表題を書きましょう。（15点）

❷ グラフの㋑にたんいを，㋒～㋕にめもりの数を書きましょう。（25点）□1つ5

❸ グラフの「その他」には何が入りますか。（20点）[　]1つ10

[　　　　]

[　　　　]

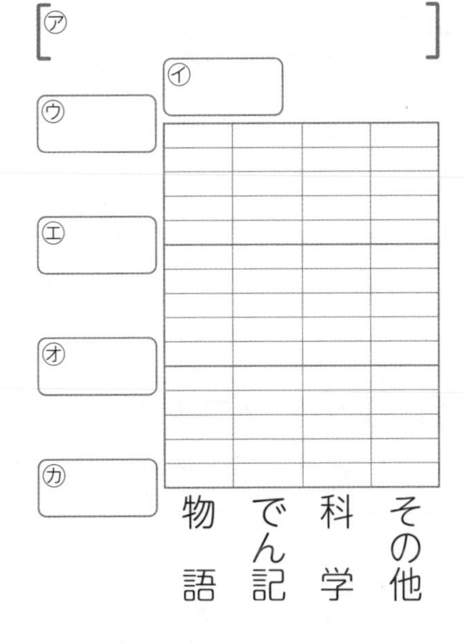

❹ かりた本の数をぼうグラフにかきましょう。（40点）1つ10

答えは94ページ ☞

表とグラフ ②

月　日

とく点

点　合かく80点

1 右のぼうグラフは，りおさんの組で，先週リレーの練習をした時間を表したものです。

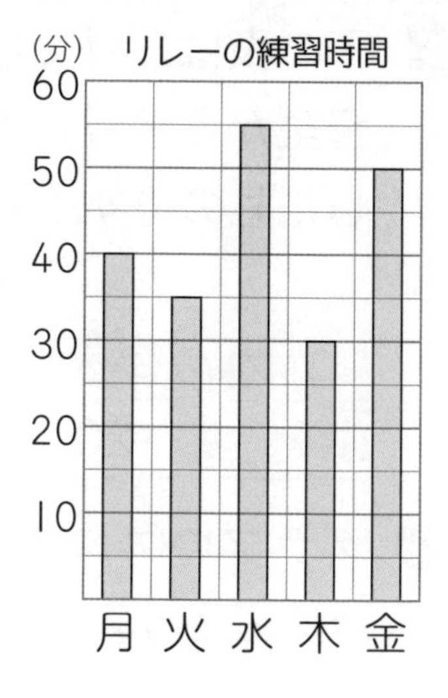

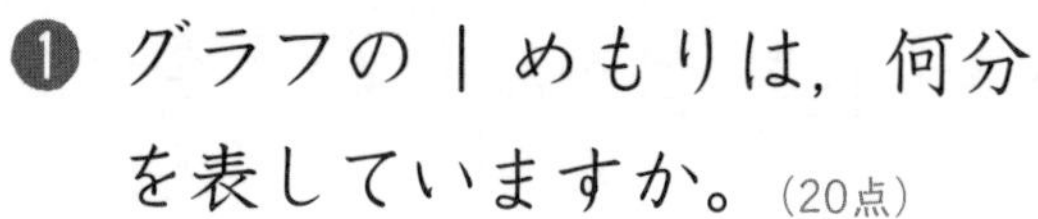

❶ グラフの１めもりは，何分を表していますか。（20点）

[　　　　　]

❷ 水曜日は何分ですか。（25点）

[　　　　　]

❸ 35 分練習したのは何曜日ですか。（25点）

[　　　　　]

❹ ぼうグラフを見て，りおさんは次のように考えました。□にあてはまることばを書きましょう。

（30点）□1つ10

「練習した時間が長いのは，□曜日と□曜日です。週のまん中と終わりに練習時間が□なっています。」

答えは94ページ

LESSON 65

表(ひょう)とグラフ ③

月　日

とく点

点 / 合かく 80点

1 右の表は，ある学校の３年生全員(ぜんいん)について，すきなスポーツを調(しら)べて整理(せいり)したものです。

すきなスポーツ調べ

	１組	２組	３組	合計
野球	11	10	9	あ
サッカー	13	11	10	34
ラグビー	4	5	7	16
テニス	2	5	3	10
合計	30	31	29	い

❶ 表のあ，いに入る数を書きましょう。

(20点) [　]1つ10

あ[　　　　]　い[　　　　]

❷ １組でラグビーをすきな人は何人ですか。(20点)

[　　　　]

❸ 野球(やきゅう)をすきな人がいちばん多いのは何組ですか。

(20点)

[　　　　]

❹ ３年生全体(ぜんたい)ですきな人がいちばん多いスポーツは何ですか。(20点)

[　　　　]

❺ ３年生は，みんなで何人ですか。(20点)

[　　　　]

答えは94ページ ☞

LESSON 66

表とグラフ ④

月　日

とく点　　点／合かく70点

1 みくさんの学校の３年１組と２組で，すきなくだものを１人１こずつ調べて，下のようにぼうグラフに表しました。

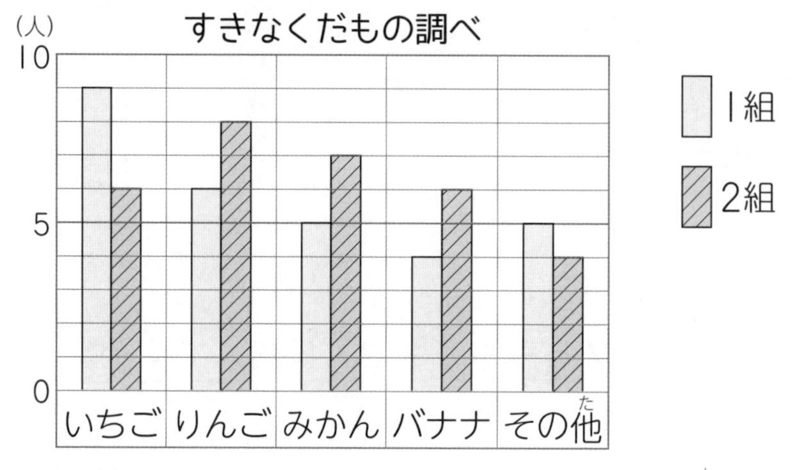

このぼうグラフを見ていえることのうち，正しいものには○を，まちがっているものには×を□に書きましょう。

❶ □ りんごがすきな人は２組より１組が多いです。(30点)

❷ □ 人数がいちばん多いくだものは，１組と２組でちがいます。(30点)

❸ □ １組と２組のクラスの人数は等しい。(40点)

重(おも) さ ①

月　日
とく点
点　合かく 75点

1 目もりを読みましょう。(50点) 1つ25

❶
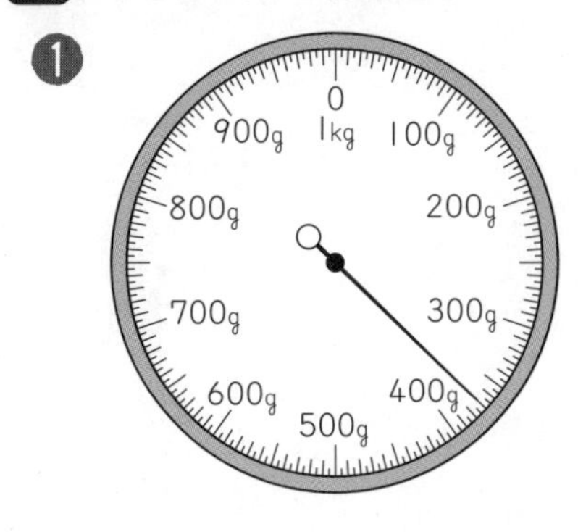

❷
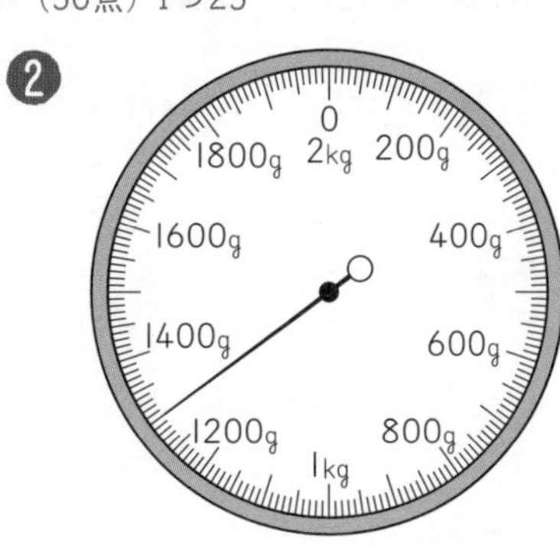

[　　　　　]g　　[　　　　　]g

2 次(つぎ)の重さになるように，図の中にはりをかきましょう。(50点) 1つ25

❶ 550 g　❷  1 kg 700 g

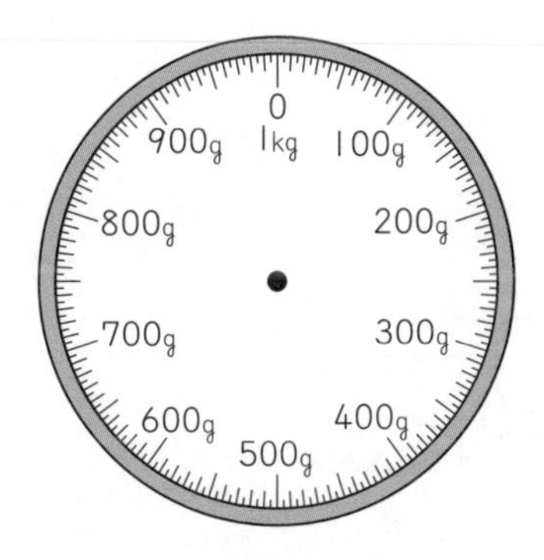

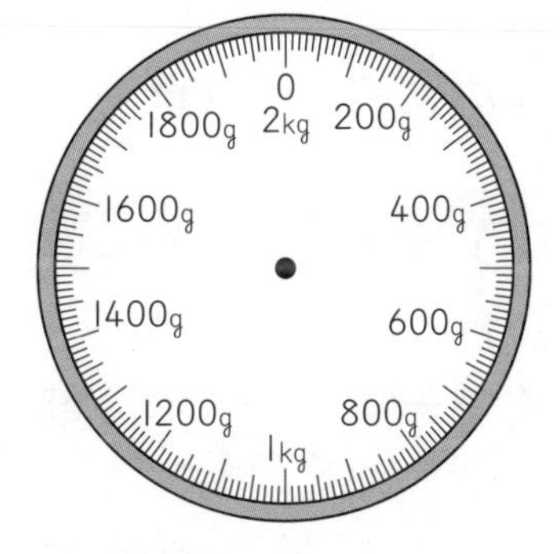

答えは94ページ ☞

LESSON 68

重(おも) さ ②

月　日

とく点　　点　合かく 80点

1 □にあてはまる数を書きましょう。(60点) 1つ10

❶ 5000 g=□kg

❷ 4 kg=□g

❸ 2 kg 753 g=□g

❹ 6080 g=□kg□g

❺ 9 t=□kg

❻ 7000 kg=□t

2 □にあてはまる重さのたんいを書きましょう。

(40点) 1つ10

❶ みかん | この重さ　98□

❷ りょうたさんの体重(たいじゅう)　32□

❸ スマートフォンの重さ　226□

❹ ザトウクジラの体重　30□

答えは94ページ ☞

LESSON 69

重（おも）さ ③

月　日

とく点

点 / 合かく 75点

1 130 g の箱（はこ）に，800 g のケーキを入れます。全体（ぜんたい）の重さは何 g ですか。（式（しき）15点・答え10点）

（式）

[　　　　]

2 540 g の入れ物に，小麦こを入れて重さをはかったら，2 kg 170 g でした。小麦この重さは何 kg 何 g ですか。（式15点・答え10点）

（式）

[　　　　]

3 かずやさんの体重（たいじゅう）は 30 kg 200 g です。お父さんはかずやさんより 35 kg 重く，弟はかずやさんより 7 kg 軽（かる）いそうです。

❶ お父さんの体重は何 kg 何 g ですか。（25点）

[　　　　]

❷ 弟の体重は何 kg 何 g ですか。（25点）

[　　　　]

答えは94ページ ☞

LESSON 70

重(おも)さ ④

月　日

とく点

点　合かく 80点

1 m(ミリ)とk(キロ)について考えます。□にあてはまる数を書きましょう。(20点) 1つ10

❶ 1mmや1mLのように，m(ミリ)がつくものの□こ分で，1mや1Lになります。

❷ 1mや1gの□こ分でk(キロ)がついた1kmや1kgになります。1kgは，1gの□倍(ばい)の重さです。

2 長さ，かさ，重さのたんいについてまとめます。□にあてはまるたんいを書きましょう。(80点) 1つ20

❶ 5分間ふく習プリントのあつさ　5□

❷ サイクリングコースの道のり　15□

❸ ペットボトルのかさ　500□

❹ 米1ふくろの重さ　5□

答えは94ページ ☞

LESSON 71

何十をかけるかけ算

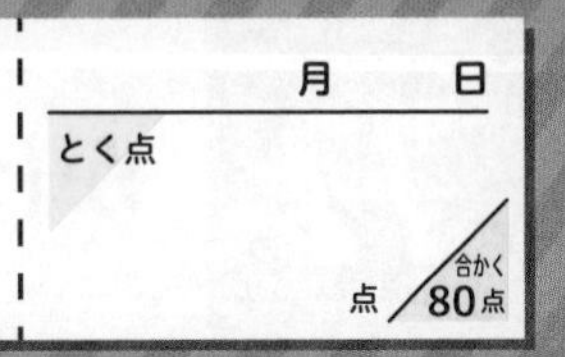

1 □にあてはまる数を書きましょう。(30点) 1つ10

❶ 32×30 の計算は，32×□×10 の計算と同じです。

❷ 40×70 の計算は，4×7 の計算の□倍(ばい)と同じです。

❸ 43×60＝(43×□)×10

2 計算をしましょう。(40点) 1つ10

❶ 5×90

❷ 80×20

❸ 36×40

❹ 65×80

3 1まい50円のカードを30まい買うと，代金(だいきん)は何円になりますか。(式(しき)20点・答え10点)

(式)

[　　　　]

答えは94ページ ☞

LESSON 72

かけ算の筆算(ひっさん) ⑥

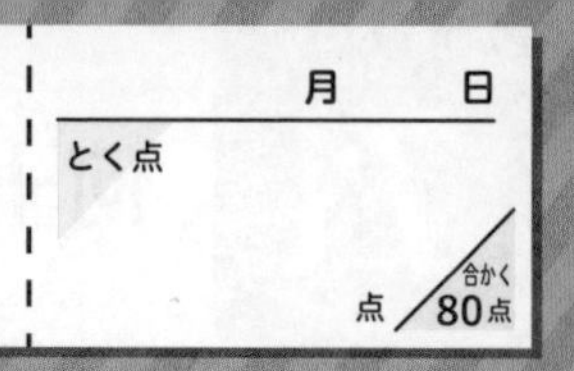

1 47×68 の筆算をします。□にあてはまる数を書きましょう。(40点) 1つ10

❶ 47×□=376

❷ 47×□=2820

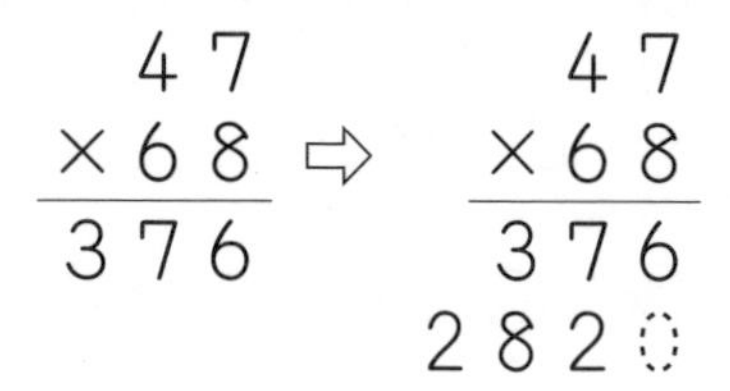

❸ 376+2820=□

❹ 答えは□です。

2 計算をしましょう。(60点) 1つ10

❶
$$\begin{array}{r} 23 \\ \times 21 \\ \hline \end{array}$$

❷
$$\begin{array}{r} 18 \\ \times 37 \\ \hline \end{array}$$

❸
$$\begin{array}{r} 27 \\ \times 39 \\ \hline \end{array}$$

❹
$$\begin{array}{r} 60 \\ \times 85 \\ \hline \end{array}$$

❺
$$\begin{array}{r} 39 \\ \times 59 \\ \hline \end{array}$$

❻
$$\begin{array}{r} 48 \\ \times 67 \\ \hline \end{array}$$

LESSON 73

かけ算の筆算 ⑦

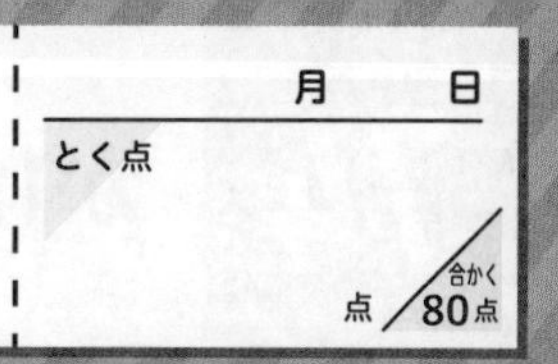

1 計算をしましょう。（30点）1つ10

❶
$$\begin{array}{r} 31 \\ \times 20 \\ \hline \end{array}$$

❷
$$\begin{array}{r} 18 \\ \times 40 \\ \hline \end{array}$$

❸
$$\begin{array}{r} 46 \\ \times 70 \\ \hline \end{array}$$

2 くふうして筆算でしましょう。（45点）1つ15

❶ 3×22　　❷ 4×56　　❸ 6×94

3 1箱に25まいのシールが入っています。この箱が60箱あります。シールは全部で何まいですか。

（式15点・答え10点）

（式）

[　　　　　]

答えは95ページ ☞

LESSON 74

かけ算の筆算 ⑧

月　日

とく点

点 / 合かく 75点

1 1箱12本入りのえん筆が38箱あります。えん筆は全部で何本ありますか。(式15点・答え10点)

(式)

[　　　　]

2 プレゼント1こをつつむのに，リボンを42cm使います。30このプレゼントをつつむには，リボンを全部で何m何cm使いますか。(式20点・答え15点)

(式)

[　　　　]

3 子ども会の集まりがあります。子どもは46人います。1こ68円のチョコレートを1人1こずつ買うと，代金はいくらになりますか。(式25点・答え15点)

(式)

[　　　　]

答えは95ページ

LESSON 75

かけ算の筆算（ひっさん） ⑨

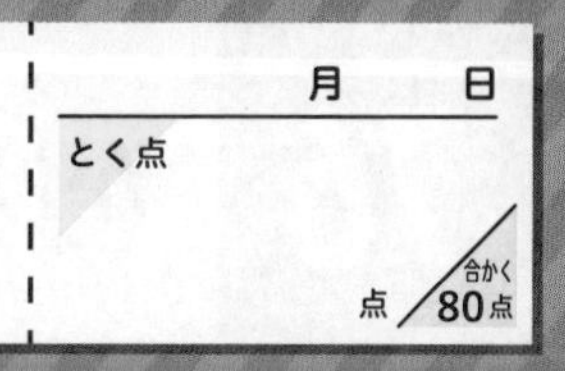

1 計算をしましょう。（75点）❶〜❸1つ10, ❹〜❻1つ15

❶ 212×23　❷ 126×42　❸ 225×33

❹ 287×26　❺ 496×74　❻ 595×86

2 1本176円のペンを45本買います。代金（だいきん）は何円ですか。（式（しき）15点・答え10点）

（式）

[　　　　　]

答えは95ページ ☞

LESSON 76

かけ算の筆算 ⑩

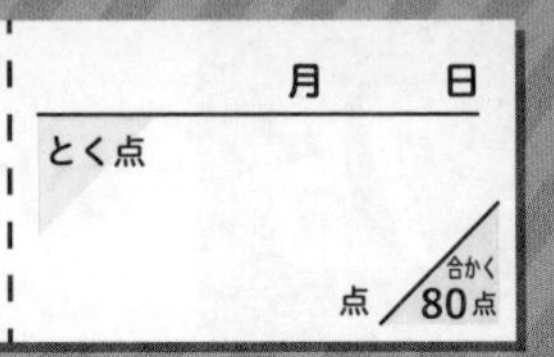

1 計算をしましょう。(80点) ❶,❷1つ20, ❸〜❻1つ10

❶
```
  402
×  24
```

❷
```
  807
×  49
```

❸
```
  603
×  50
```

❹
```
  705
×  80
```

❺
```
  300
×  76
```

❻
```
  900
×  42
```

2 自転車(じてんしゃ)で，1しゅう 307 m のトラックを 45 しゅうします。全部(ぜんぶ)で何 km 何 m ですか。(式(しき)10点・答え10点)

(式)

[　　　　]

答えは95ページ ☞

LESSON 77

かけ算の筆算 ⑪

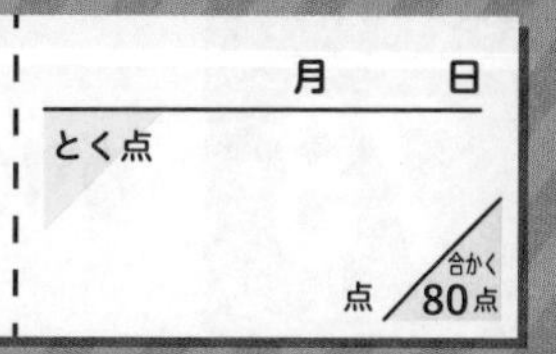

1 1こ298円のケーキを26こ買います。

❶ 代金は何円ですか。（式10点・答え10点）

（式）

[　　　　]

❷ 8000円はらうと，おつりは何円ですか。（式5点・答え5点）

（式）

[　　　　]

2 1たば385円の色紙を25たば買うことにしたら，1たばにつき10円安くしてくれました。

❶ 1たば何円になったかを考えて，代金をもとめましょう。（式25点・答え10点）

（式）

[　　　　]

❷ 全体で何円安くなったかを考えて，代金をもとめましょう。（式25点・答え10点）

（式）

[　　　　]

答えは95ページ ☞

LESSON 78

かけ算の暗算

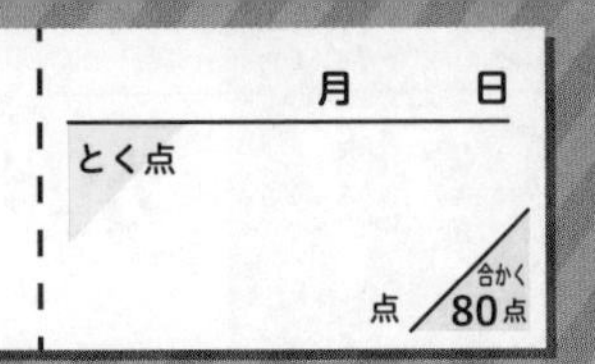

1 かけ算の暗算のしかたを考えます。□にあてはまる数を書きましょう。（40点）□1つ5

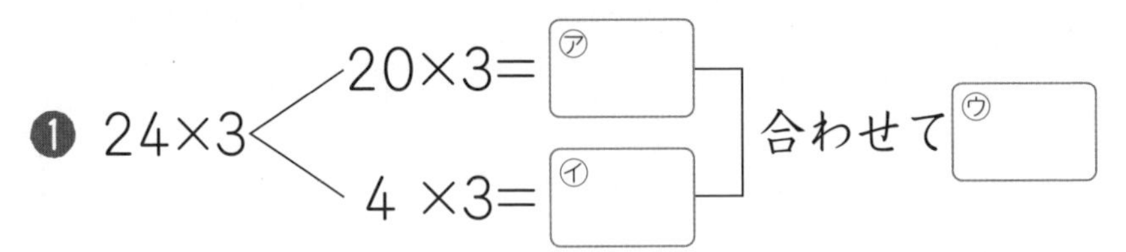

❷ 240×3 は，24×3 の答えの□倍だから

答えは□です。

❸ 25×12

→ 25×4×□＝100×□＝□

2 暗算でしましょう。（60点）1つ10

❶ 34×2

❷ 16×4

❸ 120×3

❹ 270×2

❺ 25×16

❻ 28×25

答えは95ページ ☞

LESSON 79

小　数 ①

月　日

とく点

点　合かく 80点

1 かさや長さを，小数で書きましょう。（20点）1つ10

❶

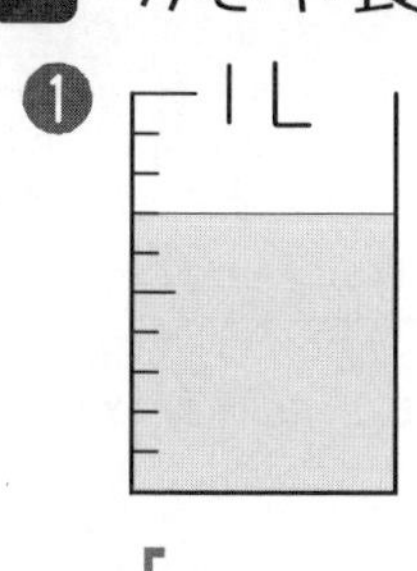

［　　　］L

❷

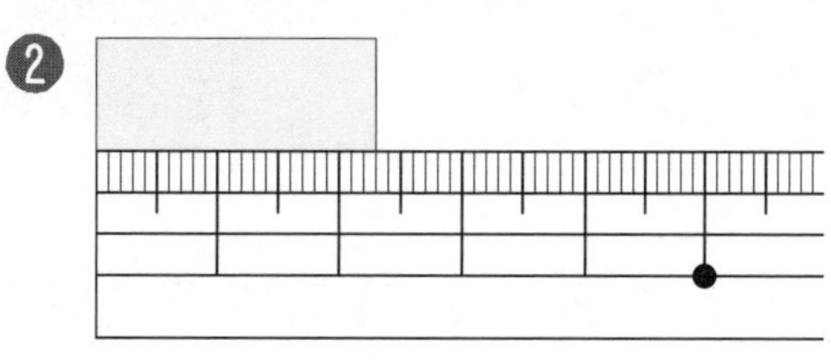

［　　　］cm

2 □にあてはまる数を書きましょう。（40点）1つ10

❶ 3 dL=□L　　❷ 1.6 L=□L□dL

❸ 4 mm=□cm　　❹ 5.9 cm=□cm□mm

3 ㋐，㋑にあたる数を，小数で書きましょう。

（40点）［　］1つ20

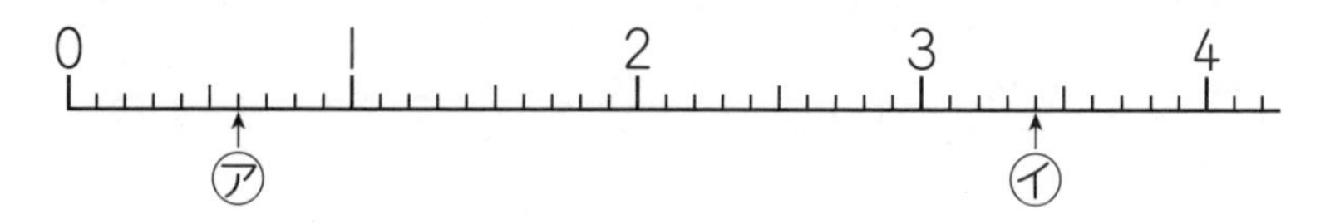

㋐［　　　］　㋑［　　　］

答えは95ページ ☞

LESSON 80

小　数 ②

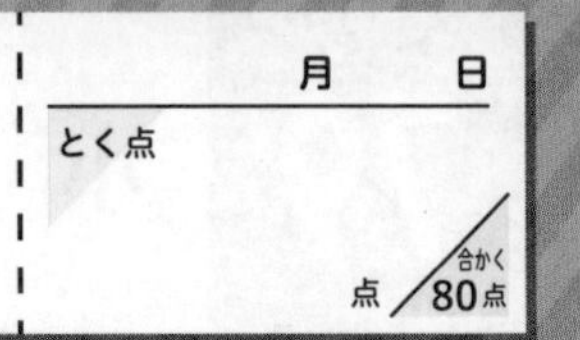

1 □にあてはまる数を書きましょう。(60点) 1つ15

❶ 4.8 は 4 と□を合わせた数です。

❷ 1 を 5 こと 0.1 を 7 こ合わせた数は□です。

❸ 0.1 を 6 こ集(あつ)めた数は□です。

❹ 7.3 は 0.1 を□こ集めた数です。

2 □にあてはまる不等号(ふとうごう)を書きましょう。(30点) 1つ10

❶ 0.5 □ 0.2　　❷ 1.8 □ 2.1

❸ 2.9 □ 3

3 1.5 L 入りと 2 L 入りのお茶のペットボトルがあります。どちらのほうが多く入っていますか。(10点)

[　　　] L 入りのペットボトル

答えは96ページ

LESSON 81

小数のたし算・ひき算 ①

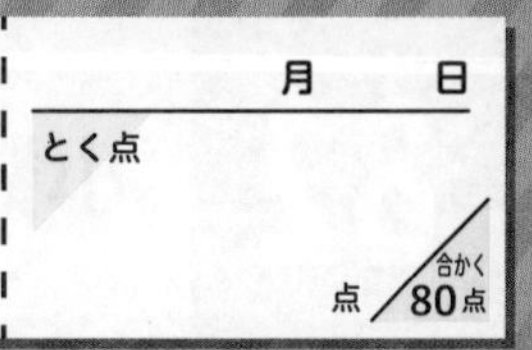

1 □にあてはまる数を書きましょう。（40点）1つ20

❶ 0.6+0.8 は，0.1 が(□+8)こです。

0.1 が□こなので，0.6+0.8=□です。

❷ 1.5−0.7 は，0.1 が(15−□)こです。

0.1 が□こなので，1.5−0.7=□です。

2 計算をしましょう。（60点）1つ10

❶ 0.2+0.3

❷ 0.4+0.6

❸ 0.9+0.5

❹ 0.7−0.3

❺ 1.2−0.8

❻ 1−0.2

答えは96ページ ☞

LESSON 82

小数のたし算・ひき算 ②

月　日

とく点

点　合かく 80点

1 計算をしましょう。（60点）1つ10

❶
```
  2.3
+ 4.5
```

❷
```
  2.5
+ 1.9
```

❸
```
  6.7
+ 8.4
```

❹
```
  5.6
- 1.2
```

❺
```
  7.1
- 4.5
```

❻
```
  8.2
- 3.7
```

2 筆算(ひっさん)でしましょう。（30点）1つ10

❶ 3.2+2.8　❷ 6.3−5.4　❸ 9−2.8

3 30 cm のテープがあります。そのうち，9.7 cm 使(つか)いました。のこりは何 cm ですか。（式(しき)5点・答え5点）

（式）

[　　　　]

答えは96ページ

LESSON 83

分　数 ①

月　日
とく点
点　合かく 80点

1 長さやかさを，分数で書きましょう。(30点) 1つ15

❶

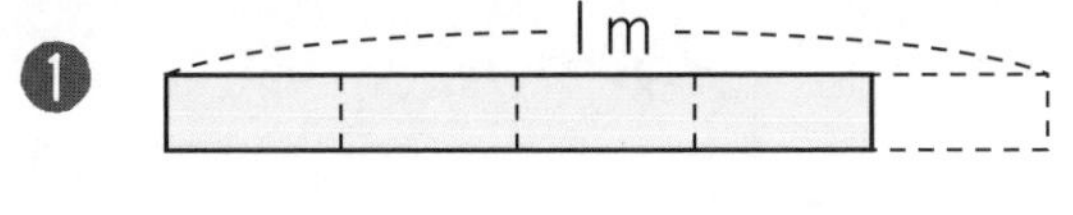

[　　　] m

❷

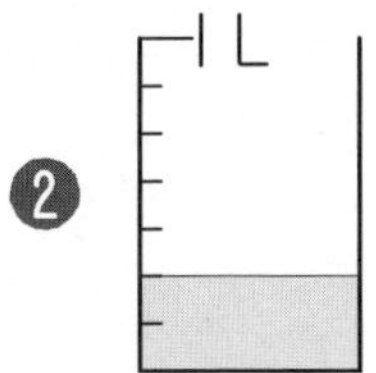

[　　　] L

2 □にあてはまる数を書きましょう。(40点) 1つ20

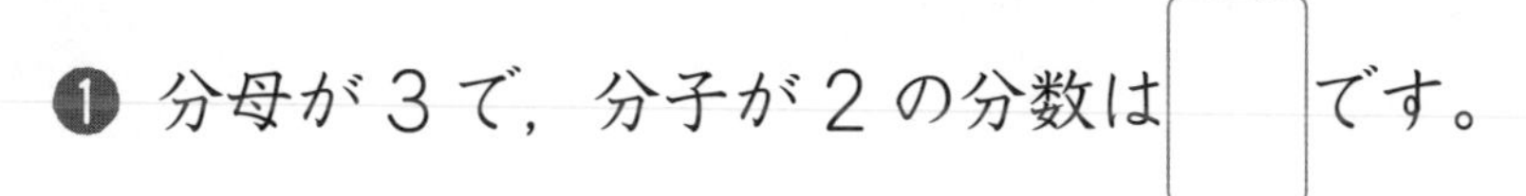

❶ 分母が 3 で，分子が 2 の分数は □ です。

❷ $\frac{6}{9}$ の分母は □，分子は □ です。

3 ㋐，㋑，㋒にあたる分数を書きましょう。(30点) [　] 1つ10

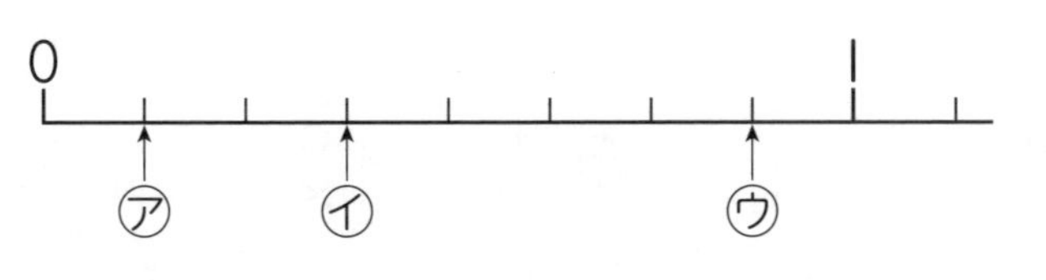

㋐ [　　　] ㋑ [　　　] ㋒ [　　　]

答えは96ページ ☞

LES 8

分　数 ②

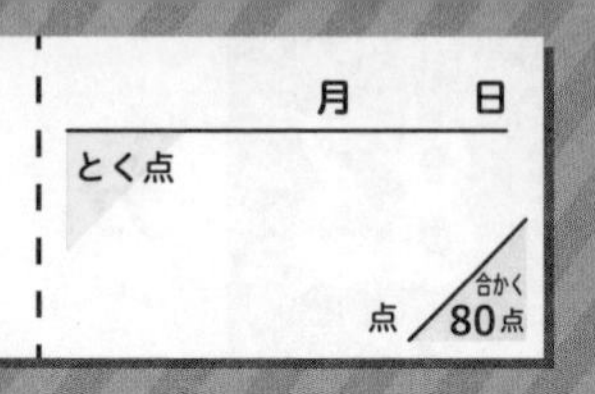

1 □にあてはまる数を書きましょう。（60点）1つ15

❶ $\frac{1}{8}$ を５こ集(あつ)めた数は，□です。

❷ $\frac{1}{6}$ を□こ集めた数は１です。

❸ $\frac{4}{5}$ は $\frac{1}{5}$ を□こ集めた数です。

❹ □を４こ集めた数は $\frac{4}{9}$ です。

2 □にあてはまる等号(とうごう)，不等号(ふとうごう)を書きましょう。

（40点）1つ10

❶ $\frac{1}{3}$ □ $\frac{2}{3}$

❷ $\frac{4}{6}$ □ $\frac{5}{6}$

❸ $\frac{5}{5}$ □ 1

❹ 1 □ $\frac{3}{8}$

答えは96ページ ☞

LESSON 85

分　数 ③

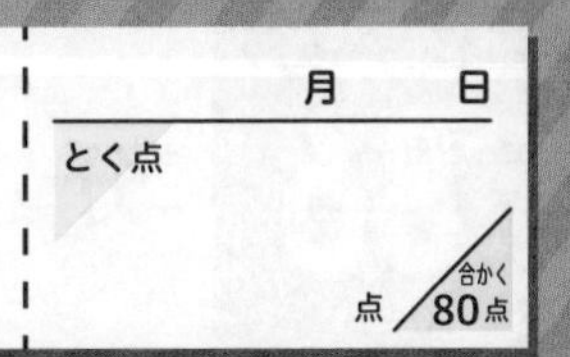

1 □にあてはまる数を書きましょう。(40点) 1つ20

❶ $\frac{1}{10}$ は 1 を□等分(とうぶん)した数です。0.1 は 1 を□等分した数です。ですから，$\frac{1}{10}$＝□ です。

❷

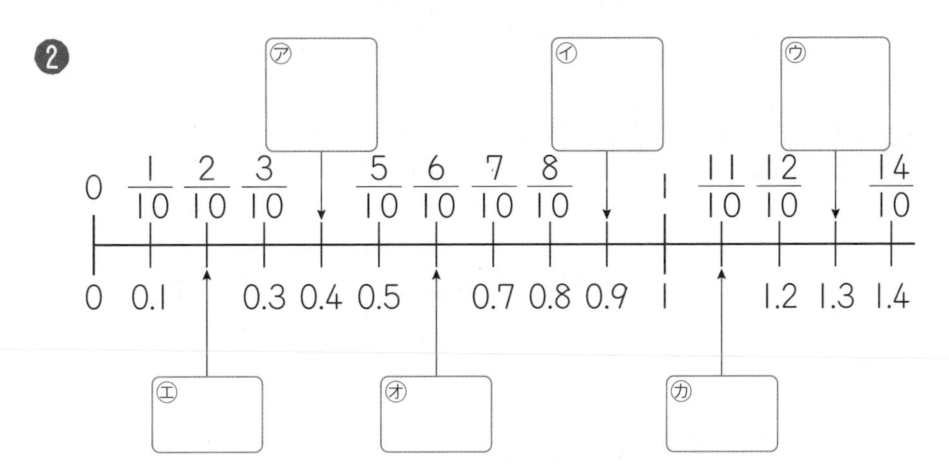

2 □にあてはまる等号(とうごう)，不等号(ふとうごう)を書きましょう。

(60点) 1つ15

❶ $\frac{3}{10}$ □ 0.5

❷ $\frac{6}{10}$ □ 0.6

❸ $\frac{13}{10}$ □ 0.3

❹ $\frac{10}{10}$ □ 1

LESSON 86

分　数 ④

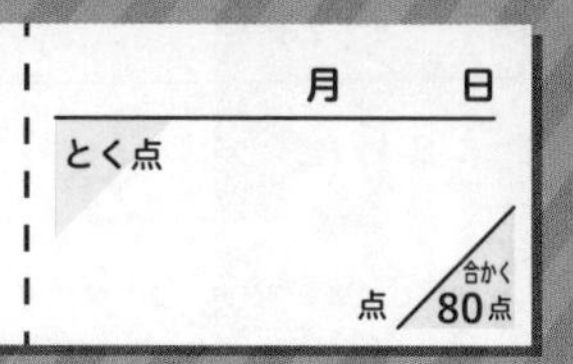

1 □にあてはまる数を書きましょう。（40点）1つ20

❶ $\frac{3}{8}+\frac{4}{8}$ は，$\frac{1}{8}$ が（□＋4）こです。

$\frac{1}{8}$ が□こなので，$\frac{3}{8}+\frac{4}{8}=$□ です。

❷ $\frac{5}{6}-\frac{2}{6}$ は，$\frac{1}{6}$ が（5－□）こです。

$\frac{1}{6}$ が□こなので，$\frac{5}{6}-\frac{2}{6}=$□ です。

2 計算をしましょう。（60点）1つ10

❶ $\frac{4}{7}+\frac{2}{7}$

❷ $\frac{6}{10}+\frac{3}{10}$

❸ $\frac{1}{4}+\frac{3}{4}$

❹ $\frac{2}{3}-\frac{1}{3}$

❺ $\frac{7}{9}-\frac{5}{9}$

❻ $1-\frac{3}{5}$

答えは96ページ ☞

答　え

算数３年

① 九九の表とかけ算 ①　1ページ

1 ❶3　❷8　❸14　❹27
❺8　❻5　❼48　❽35
❾64　❿54

② 九九の表とかけ算 ②　2ページ

1 ❶5×5
❷4×9，6×6，9×4
❸4つ　❹7×4

③ かけ算のきまり ①　3ページ

1 ❶4　❷3　❸5　❹4　❺9
❻7　❼2　❽7　❾8　❿7

④ かけ算のきまり ②　4ページ

1 ❶56　❷7，63
❸7，70　❹7，70

2 ❶60　❷40　❸30
❹50　❺10　❻100

⑤ かけ算のきまり ③　5ページ

1 ㋐30　㋑3　㋒18　㋓48

2 ❶6，48　❷8，80

3 ❶㋐6　㋑12
❷㋐30　㋑56

≫考え方 ❶上は，9，12と3ずつふえているので3のだんです。下は4のだんです。❷まん中は7ずつふえているので7のだんです。上は6のだん，下は8のだんです。

⑥ 0のかけ算　6ページ

1 ❶(式)8×0=0　0点
❷(式)4×3=12　12点
❸(式)0×5=0　0点
❹12点

≫考え方 ある数に0をかけても，0にある数をかけても答えは0になります。

⑦ わり算 ①　7ページ

1 (じゅんに)1，2，3，3，3

2 ❶8，2　❷6，5
❸4，8　❹8，9

⑧ わり算 ②　8ページ

1 ❶3　❷5　❸3　❹7
❺3　❻7　❼2　❽5
❾6　❿8

2 (式)36÷6=6　6本

⑨ わり算 ③　9ページ

1 ❶8　❷9　❸7　❹4　❺9
❻8

2 (式)42÷7=6　6まい

3 (式)28÷4=7　7本

⑩ 0や1のわり算　10ページ

1 ❶10，2　❷5，5，1
❸0，5，0

2 ❶ 1 ❷ 1 ❸ 0 ❹ 0
❺ 8 ❻ 9 ❼ 1 ❽ 0

考え方 0 をどんな数でわっても，答えは 0 になります。

⑪ わり算の問題 ① 11 ページ

1 ❶（式）24÷8=3 3 倍
❷（式）8÷4=2 2 倍

2 （式）56÷7=8
8+4=12 12 まい

3 （式）14÷2=7
7−3=4 4 箱

⑫ わり算の問題 ② 12 ページ

1 ㋒

考え方 ㋐は 10−5，㋑は 10×5 です。

2 ❶ 3，1 人分 ❷ 3，何人

⑬ 大きい数のわり算 ① 13 ページ

1 （じゅんに）8，2，2，20

2 ❶ 20 ❷ 40 ❸ 30
❹ 20 ❺ 10 ❻ 10

⑭ 大きい数のわり算 ② 14 ページ

1 （じゅんに）9，10，3，13

2 ❶ 34 ❷ 32 ❸ 21
❹ 13 ❺ 21 ❻ 11

⑮ 時こくと時間 ① 15 ページ

1 午前 9 時 20 分

2 午後 3 時 10 分

3 ❶ 午前 10 時 10 分
❷ 午後 6 時 40 分

考え方 「ちょうど□時」で分けて考えます。

⑯ 時こくと時間 ② 16 ページ

1 午後 2 時 50 分

2 午前 9 時 40 分

3 ❶ 午前 7 時 40 分
❷ 午後 4 時 30 分

考え方 「〜前」は，はりをもどします。

⑰ 時こくと時間 ③ 17 ページ

1 50 分

2 1 時間 5 分

3 ❶ 2 時間 10 分
❷ 3 時間 20 分

⑱ 時こくと時間 ④ 18 ページ

1 ❶ 分 ❷ 秒

2 1，3，2

3 ❶ 1，40 ❷ 180 ❸ 150
❹ 1，16

⑲ 時こくと時間 ⑤ 19 ページ

1 8 分 30 秒

2 ❶ 2 時間 20 分
❷ 午後 2 時 10 分

考え方 ❶「午前 9 時 30 分から午前 11 時 50 分までの時間」，❷「午後 1 時 20 分から 50 分後の時こく」をもとめます。

⑳ 時こくと時間 ⑥ 20 ページ

1 ❶ 午前 9 時 50 分
❷ 午前 9 時 20 分
❸ 午前 9 時 5 分

≫考え方 ❸バスは9時10分と9時25分にあるので，10分のバスに乗ります。

㉑ たし算の筆算 ① 21ページ

1 ❶(左から)8，0

❷(左から)4，0

2 ❶383 ❷517 ❸643

❹900

3 ❶
```
  608
+  95
  703
```
❷
```
   76
+ 824
  900
```

㉒ たし算の筆算 ② 22ページ

1 ❶(左から)1，2，1

❷(左から)8，4

2 ❶1439 ❷1134

❸9362 ❹9003

3 ❶
```
  2845
+  372
  3217
```
❷
```
    23
+ 7978
  8001
```

㉓ たし算の筆算 ③ 23ページ

1 ❶(じゅんに)1，820，1，819

❷(じゅんに)100，648

2 ❶847 ❷813

❸581 ❹932

≫考え方 ❷300+515を計算して2をひきます。❸55+45を先に計算します。

㉔ たし算の筆算 ④ 24ページ

1 (式)193+707=900 900円

2 (式)1457+248=1705

1705人

3 ❶(式)3860+280=4140

4140円

❷(式)3860+4140=8000

8000円

㉕ ひき算の筆算 ① 25ページ

1 ❶(左から)1，4

❷(左から)3，6

2 ❶269 ❷294

❸458 ❹44

3 ❶
```
  400
-  96
  304
```
❷
```
  803
-   4
  799
```

㉖ ひき算の筆算 ② 26ページ

1 ❶(左から)1，3

❷(左から)8，4

2 ❶846 ❷707

❸4945 ❹1176

3 ❶
```
  1007
-   48
   959
```
❷
```
  9342
-  674
  8668
```

㉗ ひき算の筆算 ③ 27ページ

1 ❶(じゅんに)2，400，2，402

❷㋐177 ㋑345

2 ❶201 ❷508

≫考え方 ❶199を200，❷97を100とします。

3 ❶㋐282 ㋑282 ㋒421

❷㋐639 ㋑
```
  639
+ 165
  804
```

㉘ ひき算の筆算 ④ 28ページ

1 (式)347−269=78　78ページ

2 (式)703−116=587　587人

3 ❶(式)2960−1890=1070
くつが1070円高い。
❷(式)2960+2370=5330
10000−5330=4670
4670円

㉙ たし算の暗算 29ページ

1 ❶㋐7　㋑8　㋒50　㋓15
㋔65
❷㋐20　㋑57　㋒65

2 ❶77　❷73　❸80　❹142

㉚ ひき算の暗算 30ページ

1 ❶㋐2　㋑33　㋒2　㋓35
❷㋐40　㋑43　㋒35

2 ❶22　❷32　❸43　❹29

㉛ 大きい数 ① 31ページ

1 ❶2156800　❷6079000

2 ❶3852　❷460
❸52000　❹10

㉜ 大きい数 ② 32ページ

1 ㋐960000　㋑1150000

2 ❶ >　❷ <　❸ =

»考え方 ❸ 4200+800 を計算してから，くらべましょう。

3 ❶18000　❷180万

㉝ 大きい数 ③ 33ページ

1 ❶1　❷百万の位
❸㋐県
五十一万三千九百二十四人
㋑県
八百十二万六千七百五人
❹㋑県

㉞ 10倍した数，10でわった数 34ページ

1 ❶(上から)700，7000
❷(上から)2300，23000

2 ❶6　❷38

3 ㋐350　㋑3500
㋒35000　㋓35000

4 ❶50000　❷860000

»考え方 1000倍すると，位が3つ上がり，0がもとの数の右に3つつきます。

㉟ 長　さ ① 35ページ

1 ❶㋐48 cm　㋑91 cm
❷木のまわりの長さ

2 ❶4　❷3，840　❸9000
❹5026

㊱ 長　さ ② 36ページ

1 ❶cm　❷m　❸km

2 ❶1 km 200 m
❷1 km 360 m
❸道のりが160 m長い。

»考え方 ❷ 600 m+760 m=1360 mです。
❸ 1 km 360 m−1 km 200 m=160 mです。

㊲ あまりのあるわり算 ① 37ページ

1 ❶× ❷○ ❸○ ❹×

2 ❶4 あまり | ❷8 あまり 3
❸4 あまり 2 ❹| あまり 8
❺9 あまり 5 ❻6 あまり 6
❼7 あまり 8 ❽7 あまり |

㊳ あまりのあるわり算 ② 38ページ

1 |, 2, 3, 4, 5

2 ㋒

≫考え方 あまりが 7 なので, わる数は 7 より大きくなります。

3 (式)50÷6=8 あまり 2
8 本できて, 2 cm あまる。

㊴ あまりのあるわり算 ③ 39ページ

1 ❶小さく ❷6, 27
❸わられる数

2 ❶7 あまり | ❷○
❸8 あまり 2

≫考え方 ❶あまりがわる数より大きいです。❸ 6×8+3=5| で, たしかめの式の答えがわられる数になっていません。

㊵ わり算の問題 ③ 40ページ

1 ❶(式)37÷8=4 あまり 5
| 人分が 4 まいになって,
5 まいあまる。
❷(式)37÷8=4 あまり 5
4 人に分けられて, 5 まいあまる。

2 (式)20÷3=6 あまり 2
6 本できて, 2 dL あまる。

㊶ わり算の問題 ④ 41ページ

1 ❶(式)26÷4=6 あまり 2
6 そうできて, 2 人のこる。
❷7 そう

≫考え方 ❷のこった 2 人を乗せるボートが, あと | そういります。

2 ❶(式)42÷5=8 あまり 2
8 回
❷3 点

≫考え方 ❶あまりの 2 点ではゲームはできないので 8 回です。❷5 点でゲームが | 回できるので, あと 3 点です。

㊷ わり算の問題 ⑤ 42ページ

1 ❶(式)4×9+|=37 37 こ
❷(式)37÷5=7 あまり 2
7 ふくろできて, 2 こあまる。
❸5 こ入りのふくろ…5 ふくろ
6 こ入りのふくろ…2 ふくろ

≫考え方 ❸ ❷であまった 2 こを, | こずつ 2 つのふくろに入れれば, 6 こ入りのふくろが 2 ふくろできます。

㊸ 円と球 ① 43ページ

1 ❶㋐中心 ㋑直径 ㋒半径 ❷2

2 ❶㋒ ❷直径

3 3 cm

㊹ 円と球 ② 44ページ

1 4 cm

2 ❶ ❷

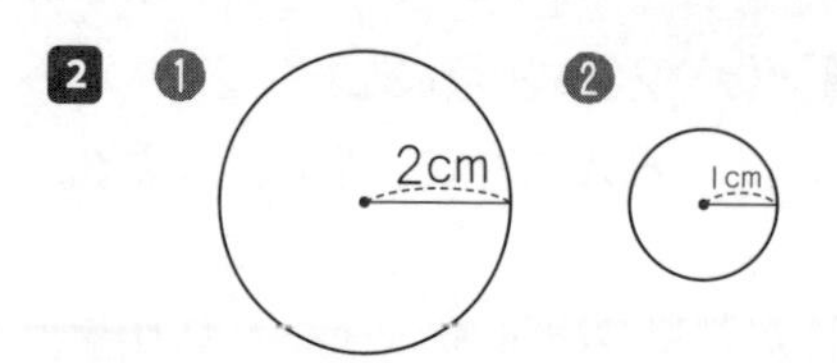

3 アイの長さ

㊺ 円と球 ③　45ページ

1 ㋐半径　㋑中心　㋒直径

2 ㋐

3 7 cm

㊻ 円と球 ④　46ページ

1 30 cm

2 24 cm

≫考え方 アーイーウーエーアの長さは，半径 3 cm の 8 こ分です。

3 たて…16 cm，横…24 cm

≫考え方 球の直径は 8 cm です。たては球の直径 2 こ分で，横は球の直径 3 こ分です。

㊼ 三角形 ①　47ページ

1 ❶ 二等辺三角形　❷ 正三角形

2 二等辺三角形…㋔，㋕

正三角形…㋒，㋖

㊽ 三角形 ②　48ページ

1 ❶ ❷

2 ❶ 二等辺三角形　❷ 4 cm

≫考え方 ❷アエ，アオは円の半径で 4 cm。正三角形なので，エオも 4 cm です。

㊾ 三角形 ③　49ページ

1 ❶ 二等辺三角形　❷ 正三角形

2 ❶ 6 cm　❷ 7 cm

≫考え方 ❷ 18−4=14，14÷2=7 で，7 cm です。4 cm，4 cm，10 cm では三角形はできません。

㊿ 角　50ページ

1 ㋒，㋐，㋑

2 ❶ ㋒　❷ ㋔，㋕　❸ 6 cm

≫考え方 ❸三角形アイウは二等辺三角形なので，アウはアイと同じ長さで 6 cm です。三角形アウエは正三角形なので，ウエはアウと同じ長さで 6 cm です。

51 □を使った式 ①　51ページ

1 ❶ 18　❷ 32

≫考え方 ❶は 24−6，❷は 25+7 でもとめます。

2 ❶ □=45−28=17

❷ □=22+71=93

❸ □=48÷6=8

❹ □=8×4=32

52 □を使った式 ②　52ページ

1 ❶ □−18=15　❷ 33

≫考え方 ❷ □=15+18=33 です。

2 ❶ 8×□=56　❷ 7

≫考え方 ❷ □=56÷8=7 です。

53 何十・何百のかけ算　53ページ

1 ❶ 3，120　❷ 5，1500

2 ❶ 60　❷ 300　❸ 560

❹ 900　❺ 2400　❻ 2000

㉔ かけ算の筆算 ①　54ページ

1 ❶位　❷8，くり上げ
❸6，1，7　❹78

2 ❶48　❷46　❸93
❹96　❺84　❻90

㉕ かけ算の筆算 ②　55ページ

1 ❶128　❷153　❸282
❹336　❺234　❻600

2 (式)38×8=304　304まい

3 (式)64×6=384　384円

㉖ かけ算の筆算 ③　56ページ

1 ❶693　❷728　❸756
❹822　❺801　❻900

2 (式)129×3=387　387円

3 (式)214×4=856　856こ

㉗ かけ算の筆算 ④　57ページ

1 ❶1896　❷1967
❸1676　❹3132
❺5022　❻5400

2 (式)298×5=1490　1490円

3 (式)126×8=1008　1008こ

㉘ かけ算の筆算 ⑤　58ページ

1 ❶609　❷2035　❸4256
❹720　❺3300　❻7200

2 ❶㋐2　㋑6
❷㋐1　㋑8　㋒9

»考え方 ❶㋑ 3×□ で，一の位(くらい)が 8 になるのは 3×6=18 で，㋑は 6。㋐十の位から 2 くり上がって，答えの百の位が 8 なので，3×□ は 6。㋐は 2 です。❷㋑□×3 で，一の位が 4 になるのは 8×3=24 で，㋑は 8。㋐一の位から 2 くり上がって，答えの十の位が 0 なので，8×□ の一の位は 8。㋐は 1 と 6 が考えられますが，答えの千の位が 4 なので，㋐は 1 です。

㉙ かけ算の問題 ①　59ページ

1 (式)75×6=450
450 cm=4 m 50 cm
4 m 50 cm

2 (式)125×3=375
375×8=3000　3000円

3 (式)300−24=276
276×4=1104　1104円

㊵ かけ算の問題 ②　60ページ

1 (式)420×7=2940
2940 m=2 km 940 m
2 km 940 m

2 ❶(式)203×9=1827　1827円
❷(式)215×9=1935　1935 mL
❸たります。

»考え方 ❸ 2 L=2000 mL なので，1935 mL よりも多いです。

㊶ 計算のきまり ①　61ページ

1 ❶15，5，150　150まい
❷5，2，150　150まい

2 ❶420　❷2640

»考え方 ❶ 3×2 を，❷ 2×5 をそれぞれ先に計算します。

㉖② 計算のきまり ② 62ページ

1 ❶ 6, 6, 1200 1200円

❷ 6, 1200 1200円

2 ❶ 40 ❷ 5, 5

㉖③ 表とグラフ ① 63ページ

1 ❶ ㋐かりた本の数調べ

❷ ㋑(さつ)

㋒ 30

㋓ 20

㋔ 10

㋕ 0

❸ 図かん

じてん

❹ 右のグラフ

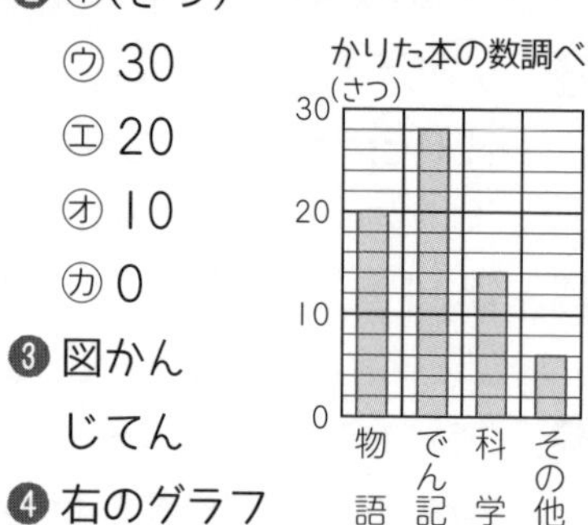

㉖④ 表とグラフ ② 64ページ

1 ❶ 5分 ❷ 55分 ❸ 火曜日

❹ 水, 金, 長く

≫考え方 ❹ぼうの長さから水曜日と金曜日の練習時間が長いとわかります。ですから, 週のまん中と終わりに長くなっているといえます。

㉖⑤ 表とグラフ ③ 65ページ

1 ❶ ㋐ 30 ㋑ 90 ❷ 4人

❸ 1組 ❹ サッカー ❺ 90人

≫考え方 ❶㋐ 11+10+9=30, ㋑ 30+31+29=90 です。❹たての合計のらんを見て, いちばん多い数を横に見ます。❺ 3年生全体の人数は㋑の数です。

㉖⑥ 表とグラフ ④ 66ページ

1 ❶ × ❷ ○ ❸ ×

≫考え方 ❸ 1組は 9+6+5+4+5=29(人), 2組は 6+8+7+6+4=31(人) なので, 等(ひと)しくない。

㉖⑦ 重　さ ① 67ページ

1 ❶ 370 ❷ 1300

2 ❶ ❷

㉖⑧ 重　さ ② 68ページ

1 ❶ 5 ❷ 4000 ❸ 2753

❹ 6, 80 ❺ 9000 ❻ 7

2 ❶ g ❷ kg ❸ g ❹ t

㉖⑨ 重　さ ③ 69ページ

1 (式) 130 g+800 g=930 g

930 g

2 (式) 2 kg 170 g−540 g

=1 kg 630 g 1 kg 630 g

3 ❶ 65 kg 200 g ❷ 23 kg 200 g

㉗⓪ 重　さ ④ 70ページ

1 ❶ 1000 ❷ 1000, 1000

2 ❶ mm ❷ km ❸ mL ❹ kg

㉗① 何十をかけるかけ算 71ページ

1 ❶ 3 ❷ 100 ❸ 6

2 ❶ 450 ❷ 1600 ❸ 1440

❹ 5200

3 (式) 50×30=1500

1500円

⑫ かけ算の筆算 ⑥ 72ページ

1 ❶8 ❷60 ❸3196 ❹3196

2 ❶483 ❷666 ❸1053 ❹5100 ❺2301 ❻3216

⑬ かけ算の筆算 ⑦ 73ページ

1 ❶620 ❷720 ❸3220

≫考え方 0の計算をはぶいて筆算すると，1だんでできます。

2
❶ 22 × 3 = 66
❷ 56 × 4 = 224
❸ 94 × 6 = 564

≫考え方 かけられる数とかける数を入れかえて筆算すると，1だんでできます。

3 (式)25×60=1500　1500まい

⑭ かけ算の筆算 ⑧ 74ページ

1 (式)12×38=456　456本

2 (式)42×30=1260
1260 cm=12 m 60 cm
12 m 60 cm

3 (式)68×46=3128　3128円

⑮ かけ算の筆算 ⑨ 75ページ

1 ❶4876 ❷5292 ❸7425 ❹7462 ❺36704 ❻51170

2 (式)176×45=7920
7920円

⑯ かけ算の筆算 ⑩ 76ページ

1 ❶9648 ❷39543 ❸30150 ❹56400 ❺22800 ❻37800

2 (式)307×45=13815
13815 m=13 km 815 m
13 km 815 m

⑰ かけ算の筆算 ⑪ 77ページ

1 ❶(式)298×26=7748
7748円
❷(式)8000−7748=252
252円

2 ❶(式)385−10 = 375
375×25=9375
9375円
❷(式)385×25=9625
10×25=250
9625−250=9375
9375円

⑱ かけ算の暗算 78ページ

1 ❶㋐60 ㋑12 ㋒72
❷10，720
❸3，3，300

2 ❶68 ❷64 ❸360 ❹540 ❺400 ❻700

≫考え方 ❺25×16=25×4×4，❻28×25=7×4×25 と考えます。

⑲ 小　数 ① 79ページ

1 ❶0.7 ❷2.3

2 ❶0.3 ❷1，6 ❸0.4 ❹5，9

3 ㋐0.6 ㋑3.4

⑧⓪ 小　数 ②　80ページ

1 ❶ 0.8　❷ 5.7　❸ 0.6
❹ 73

2 ❶ $>$　❷ $<$　❸ $<$

3 2

⑧① 小数のたし算・ひき算 ①　81ページ

1 ❶ 6，14，1.4
❷ 7，8，0.8

2 ❶ 0.5　❷ 1　❸ 1.4
❹ 0.4　❺ 0.4　❻ 0.8

≫考え方 ❻ 0.1 が（10−2）こと考えます。

⑧② 小数のたし算・ひき算 ②　82ページ

1 ❶ 6.8　❷ 4.4　❸ 15.1
❹ 4.4　❺ 2.6　❻ 4.5

2 ❶ $\begin{array}{r} 3.2 \\ +\ 2.8 \\ \hline 6.\not{0} \end{array}$　❷ $\begin{array}{r} 6.3 \\ -\ 5.4 \\ \hline 0.9 \end{array}$　❸ $\begin{array}{r} 9 \\ -\ 2.8 \\ \hline 6.2 \end{array}$

≫考え方 ❶「.0」の 0 を消すこと，❷「0.」をつけることをわすれずに！

3 （式）30−9.7=20.3
20.3 cm

⑧③ 分　数 ①　83ページ

1 ❶ $\frac{4}{5}$　❷ $\frac{2}{7}$

2 ❶ $\frac{2}{3}$　❷ 9，6

3 ㋐ $\frac{1}{8}$　㋑ $\frac{3}{8}$　㋒ $\frac{7}{8}$

⑧④ 分　数 ②　84ページ

1 ❶ $\frac{5}{8}$　❷ 6　❸ 4　❹ $\frac{1}{9}$

2 ❶ $<$　❷ $<$　❸ $=$　❹ $>$

⑧⑤ 分　数 ③　85ページ

1 ❶ 10，10，0.1
❷ ㋐ $\frac{4}{10}$　㋑ $\frac{9}{10}$　㋒ $\frac{13}{10}$
㋓ 0.2　㋔ 0.6　㋕ 1.1

2 ❶ $<$　❷ $=$　❸ $>$　❹ $=$

⑧⑥ 分　数 ④　86ページ

1 ❶ 3，7，$\frac{7}{8}$　❷ 2，3，$\frac{3}{6}$

2 ❶ $\frac{6}{7}$　❷ $\frac{9}{10}$　❸ 1
❹ $\frac{1}{3}$　❺ $\frac{2}{9}$　❻ $\frac{2}{5}$

≫考え方 ❻ 1 は $\frac{5}{5}$ と考えて，計算します。